Günther Becher

Datenverarbeitung im Luftverkehr

Programm Angewandte Informatik

Herausgeber:
Paul Schmitz
Norbert Szyperski

Wulf Werum / Hans Windauer:
PEARL, Process and Experiment Automation Realtime Language

Wulf Werum / Hans Windauer:
Introduction to PEARL
Process and Experiment Automation Realtime Language

Joachim Kanngiesser:
Die Abrechnung von ADV-Systemleistungen

Eric D. Carlson / Wolfgang Metz / Günter Müller /
Ralph H. Sprague / Jimmy A. Sutton:
Display Generation and Management Systems (DGMS)
for Interactive Business Applications

Bernd Rosenstengel / Udo Winand:
Petri-Netze, Eine anwendungsorientierte Einführung

Norbert Szyperski / Erwin Grochla / Ursula M. Richter /
Wilfried P. Weitz (Eds.):
Assessing the Impacts of Information Technology

Paul Schmitz / Heinz Bons / Rudolf van Megen:
Software-Qualitätssicherung — Testen im Software-Lebenszyklus

Christina Tiedemann:
Kostenrechnung für Rechenzentren

Norbert Szyperski / Margot Eul-Bischoff:
Interpretative Strukturmodellierung

Günther Becher:
Datenverarbeitung im Luftverkehr

Günther Becher

Datenverarbeitung im Luftverkehr

Unter Mitarbeit von

Dieter Bahr und Wolfgang Vieweg

Springer Fachmedien Wiesbaden GmbH

CIP-Kurztitelaufnahme der Deutschen Bibliothek

Becher, Günther:
Datenverarbeitung im Luftverkehr / Günther
Becher. Unter Mitarb. von Dieter Bahr u.
Wolfgang Vieweg. — Braunschweig; Wiesbaden:
Vieweg, 1984.
 (Programm angewandte Informatik)

ISBN 978-3-528-03600-3   ISBN 978-3-663-14185-3 (eBook)
DOI 10.1007/978-3-663-14185-3

1984

<u>**GELEITWORT**</u>

Die Luftverkehrsgesellschaften gehören zu den Pionieren in der Anwendung der automatisierten Datenverarbeitung. Sie haben neben einfachen und gut strukturierten Abrechnungsaufgaben schon sehr früh
komplexe und hochintegrierte Anwendungen mit ihrer Hilfe erschlossen.
Beispiele hierfür sind die Flugreservierungssysteme der großen Gesellschaften, die bereits seit Anfang der 60er Jahre im praktischen
Einsatz sind, die Kommunikation zwischen den Gesellschaften innerhalb
der IATA, die sehr komplexen und aktuellen Dispositionsaufgaben, die
beim Flugverkehr jeder großen Gesellschaft wahrzunehmen sind.

Aus den Lösungskonzepten für diese wichtigen Problemstellungen konnten
auch für anspruchsvolle Anwendungsbereiche in Wirtschaftsunterneh-
mungen und in der Wissenschaft vielerlei Anregungen gewonnen werden.
Ebenfalls wurden dadurch die Entwicklungen bei den Herstellern von ADV-
Systemen maßgebend beeinflußt.

Das vorliegende Buch gibt einen Überblick über die Aufgabenstellungen
der Informationsverarbeitung bei Luftverkehrsgesellschaften. Insbesondere wird auch die Nutzung der Informationsverarbeitung aller
großen internationalen Gesellschaften in sehr übersichtlicher Form
herausgearbeitet, und es werden die verschiedenen Lösungen gegenübergestellt; außerdem erhält der Leser einen Überblick über die
historische Entwicklung in diesem wichtigen Anwendungsbereich.

Der Verfasser ist seit zwanzig Jahren für die Datenverarbeitung bei der
Deutschen Lufthansa AG verantwortlich und jetzt im Vorstand dieser Gesellschaft, wo er für die Bereiche Planung und Steuerung, Datenverarbeitung und Fernmeldedienste, Rechnungswesen, Finanzen und das
Justitiariat zuständig ist. Für den Themenbereich des Buches besitzt er
eine sehr hohe Kompetenz. Wir sind überzeugt, daß er mit seiner Schrift
auch außerhalb des Bereichs der Luftverkehrsgesellschaften auf sehr
großes Interesse stoßen wird.

P. Schmitz
N. Szyperski

VORWORT

Es ist schwierig, einen Überblick über den sehr schnell wachsenden Anwendungsbereich der Datenverarbeitung im Luftverkehr zu gewinnen und
auf aktuellem Stand zu halten. Deswegen habe ich es für nützlich er-
achtet, den Versuch zu unternehmen, dafür eine Basis zu schaffen, die
allerdings über eine bloße Aufzählung von Systemen und Applikationen
hinausgeht und insofern auch der generellen Orientierung dienen soll.
Daß dabei eine Beleuchtung der Situation in der Deutschen Lufthansa AG
einen Schwerpunkt bildet, ergibt sich aus meinem Wirkungsbereich im
Vorstand der Gesellschaft.

Die Datenverarbeitung, ganz allgemein, unterliegt m. E. in einem sehr
hohen Maße dem allgemeinen Gesetz, nach dem die Informationstechno-
logie - wie übrigens alle modernen Technologien - sowohl auf der Ent-
wicklungs- als auch auf der Herstellungsseite und ebenfalls im Bereich der
Applikationen - hier bezogen auf den Luftverkehr - 'exponentiell' fortschreitet mit der Konsequenz, daß Abstände hinsichtlich des Niveaus, auf

dem sich Entwicklung, Herstellung oder Anwendung befinden, bei denen, die zueinander im Wettbewerb stehen, ständig größer werden. Ein einmal eingetretener Rückstand ist, wenn überhaupt, dann nur durch den Einsatz außerordentlicher Mittel einzuholen.

Dies erfordert es, um jeden volkswirtschaftlich oder betriebswirtschaftlich vertretbaren Preis dafür zu sorgen, ein unterschiedliches Niveau im Verhältnis zu Wettbewerbern nicht erst eintreten zu lassen.

Als Konsequenz dieser 'exponentiell' verlaufenden Entwicklung im Bereich der Informations- und Kommunikationstechnologie ergibt sich eine immer kürzer werdende Lebensdauer moderner Systeme, die wiederum unter dem Druck des Wettbewerbs der Anwender kürzer werdende Innovationszyklen nachsichziehen, mit der sich daraus ergebenden entsprechenden Inanspruchnahme finanzieller Ressourcen. Einerseits wachsen die technischen Leistungsmöglichkeiten, andererseits verbessert sich das Preis/Leistungsverhältnis der Systeme und ihrer Komponenten. Dadurch wird eine Verbreiterung des Einsatzspektrums der Datenverarbeitung in den Unternehmungen möglich.

Strukturell vollzieht sich zugleich eine allmähliche Schwerpunktverlagerung von der vormals ausschließlich zentralen zur nunmehr verstärkt dezentralen Einsatzweise der Datenverarbeitung sowie eine fortschreitende Zusammenfügung bislang sich weitgehend unabhängig voneinander entwickelnder (Teil-)Technologien (z.B. Datenverarbeitung, Nachrichtentechnik, Textverarbeitung) zu einer integrierten Informations- und Kommunikationstechnologie.

Die Umsetzung dieser Entwicklungen in die Betriebswirklichkeit setzt einen hohen Grad an Akzeptanz, und zwar sowohl bei den Initiatoren als auch bei den Betroffenen, voraus. Die nicht unbegrenzt zur Verfügung stehenden Ressourcen bedingen zudem bei der Bereitstellung dieser

Ressourcen eine den betrieblichen Notwendigkeiten der Fachbereiche
angepaßte Priorisierung; die Ausgewogenheit der aufeinander abge-
stimmten Einzelentwicklungen in den Teilbereichen der Unternehmung
erfordert eine permanente und sorgfältige Steuerung dieser Entwicklungen.

Als Großanwender im Bereich der Datenverarbeitung ist es auch aus
diesen Gründen für unser Unternehmen notwendig und für Dritte gewiß
interessant, sich einen Überblick über den Stand der Datenverarbeitung
im Luftverkehr zu verschaffen und ihn zu behalten.

Da in der Luftverkehrsbranche - wie in jeder anderen Branche auch -
hinsichtlich des Datenverarbeitungseinsatzes sowie der installierten
Systemkonfigurationen in den Details zum Teil ganz erhebliche Unter-
schiede bestehen, können die mit der vorliegenden Ausarbeitung ange-
gangene Bestandsbeschreibung und -analyse nur von einem abstra-
hierenden Standpunkt aus erfolgen, der es zuläßt, die vielfältigen
(teilweise nebensächlichen) Einzelheiten und Besonderheiten der verschiedenen Anwender und Anwendungsfälle zu einem aggregierten Ge-
samtbild zusammenzufassen. Mithin besteht das Ziel der vorliegenden
Ausarbeitung darin, die für den Bereich der Datenverarbeitung relevanten
Luftverkehrsspezifika - in auch für den Nicht-Luftverkehrsfachmann
verständlicher Sprache - herauszuarbeiten und auf der Basis der luft-
verkehrstypischen Systemanforderungen zu tendenziellen und generellen
Aussagen über die Verwendung der Datenverarbeitung in der Luftverkehrsbranche zu gelangen.

Durch die eingeschlagene funktionsbezogene Vorgehensweise wird
versucht, den notwendigen, übergeordneten Standpunkt einzunehmen.
Deshalb beginnt die Darstellung, die sowohl hardware- als auch soft-
wareseitig die einschlägige Datenverarbeitungsentwicklung über einen

Zeitraum von 10 Jahren (1973 - 1982) zum Gegenstand hat, mit einer schematisierten Beschreibung der funktionalen Grobstruktur einer abstrakt gedachten Luftverkehrsgesellschaft. Ausgehend von dieser (schematischen) funktionalen Abgrenzung wird unter Zuhilfenahme von intern und extern verfügbaren Materialien ein Abriß über die Entwicklung der Datenverarbeitung im Luftverkehr gegeben. Hierzu wird auf Informationen der Deutschen Lufthansa AG und u.a. auch auf Erhebungsergebnisse zurückgegriffen, die durch externe Fachleute (Air Transport World) erarbeitet worden sind. Wenn auch herangezogene Befragungen im streng wissenschaftsmethodischen Sinne eher von pragmatischer Qualität sind, so dürften die vielfältigen Facetten dieser im folgenden verwendeten Informationsbasis dennoch auch vom wissenschaftlichen Standpunkt interessant sein.

Da im Branchenquerschnitt nur wenige Luftverkehrsgesellschaften als Frachtspezialisten zu bezeichnen sind bzw. ein Frachtaufkommen abwickeln, das speziell auf Frachtbelange zugeschnittene EDV- Applikationen notwendig macht, liegt im Rahmen der vorliegenden Arbeit der Schwerpunkt der Darstellung zwangsläufig auf dem Passagesektor. Inzwischen hat sich insbesondere aufgrund der jüngsten Frachtmarktentwicklung jedoch bei allen größeren Luftverkehrsgesellschaften, die sich am Frachtgeschäft beteiligen, auch datenverarbeitungsseitig eine Spezialisierung mit der Wirkung der Realisierung eigenständiger Fracht-Datenverarbeitungs- Applikationen vollzogen bzw. ist dabei sich zu entwickeln. Auch im Hinblick auf die Hardware-Systeme zeichnet sich bei den hier angesprochenen Luftverkehrsgesellschaften zunehmend die Notwendigkeit ab, eine 'Zellteilung' zwischen Passage- und Frachtsystemen physisch vorzunehmen.

Diejenige Entwicklung, die vor wenigen Jahrzehnten im Bereich der Passage-Datenverarbeitung eingesetzt hat, 'wiederholt' sich derzeit in gewissem Sinne - jetzt allerdings auf einem höheren technologischen Niveau - im Bereich der Frachtdatenverarbeitung.

Im Vordergrund des Themas 'Datenverarbeitung im Luftverkehr' steht die Relation zwischen der Datenverarbeitung und den Luftverkehrsunternehmungen. Es geht also primär um den Einsatz der Datenverarbeitung <u>in</u> Luftverkehrsgesellschaften. Darüber hinaus existieren dem Luftverkehr zugehörige Bereiche, in denen ebenfalls die Datenverarbeitung gerade in den letzten Jahren eine sich beschleunigende Entwicklung durchgemacht hat. Einer dieser Bereiche sei kurz mit dem Stichwort 'Flugsicherung' umrissen. Die Flugsicherung liegt organisatorisch außerhalb der einzelnen Luftverkehrsgesellschaften, hat jedoch konsequenzenreiche Implikationen auf diese Unternehmungen. Im Dreieck zwischen den Anforderungen der Flugsicherung, den Möglichkeiten der Flugzeughersteller und den Wünschen der Luftverkehrsgesellschaften werden fortlaufend modernere und leistungsfähigere Avionic-Systeme und Systeme der Flugzeugsteuerung entwickelt und eingesetzt. Die thematische Einbindung der Beschreibung moderner, digitalisierter und mit diversen (Prozess-)

Rechensystemen ausgestatteter Cockpits bis hin zu dem sog. 'All-Electric Airplane'*) würde allerdings das ursprünglich gesteckte Ziel bei weitem überschreiten und sollte einer eigenständigen Abhandlung vorbehalten werden.

Für die freundliche Übernahme der vorliegenden Ausarbeitung in das "Programm Angewandte Informatik" bedanke ich mich bei den Herausgebern dieser Schriftenreihe, den Herren Prof. Dr. Paul Schmitz und Prof. Dr. Norbert Szyperski. Das vorliegende Buch, das zugestandenermaßen kein

---

*) Bei dem "All-Electric Airplane" handelt es sich um eine moderne Flugzeugkonzeption, die weitgehend hydraulische Steuerungs- und Regelungseinrichtungen - unter Einsparung von Gewicht und Erhöhung der Reaktionsgeschwindigkeit und -zuverlässigkeit - durch elektrische und elektronische Steuerungseinrichtungen ersetzt.

alltägliches Thema abhandelt, hat durch die Aufnahme in diese Schrift-
reihe eine adäquate 'Heimat' gefunden. Außerdem danke ich meinen Mitarbeitern, Herrn Dipl.-Math. Dieter Bahr und Herrn Dipl.-Ing. Dr.
Wolfgang Vieweg, die mir bei der Erledigung der selbstgestellten Aufgabe
tatkräftig zur Seite standen.

Abschließend möchte ich noch auf eine Besonderheit des vorliegenden
Buches hinweisen, die man dem Buch selbst nicht so auf den ersten Blick
ansehen kann. Dieses Buch ist nämlich unter Zuhilfenahme neuester Büro-
kommunikationseinrichtungen in mehreren Sekretariaten und an weiteren
Stellen in der Unternehmung angefertigt worden. Dadurch war es möglich,
die zusätzlich anfallende Arbeitslast der Text- und Grafikerstellung auf
möglichst viele Schultern zu verteilen. Insofern gebührt desweiteren
- nicht, wie sonst üblich, einer einzelnen Schreibdame sondern - mehreren
Mitarbeitern mein Dank; es unterstützten mich unter z.T. virtuoser Zuhilfenahme moderner, miteinander vernetzter Bürosysteme im einzelnen
Frau Elfriede Baalbaki, Frau Ursula Heidbrink, Frau Ingrid Woerl und Herr
Bernd Tenhaaf. Bei dem Korrekturlesen waren außerdem Herr Dipl.-Math.
Dr. Rolf Franken und Herr Dipl.-Volksw. Manfred Mellinger beteiligt.

Es ist keine besondere Erkenntnis, daß das Zustandekommen eines
derartigen Buches des koordinierten Zusammenwirkens Mehrerer bedarf.
All denjenigen, die zum Gelingen dieses Buches beigetragen haben, sage
ich nochmals an dieser Stelle meinen Dank und empfehle das Buch der
interessierten Aufnahme seitens des in Betracht kommenden Leserkreises.

Köln, April 1984

G. Becher

INHALTSVERZEICHNIS

Seite

1. Die Funktionen einer Luftverkehrsunternehmung

1.1. Leistungsanforderungen und Funktionsabgrenzung

Eine Luftverkehrsgesellschaft ist eine Transportunternehmung mit besonderen Merkmalen und Aufgabenanforderungen, die Struktur und Abläufe des jeweiligen Datenverarbeitungssystems prägen.

Das Dienstleistungsangebot einer Luftverkehrsgesellschaft ist in der Regel weltweit, zumindest international[1], ausgedehnt. Diese Dienstleistung vollzieht sich im Rahmen internationaler Vereinbarungen[2], die zur Begründung und Koordinierung von Rechten und Interessen der einzelnen, am Luftverkehr Beteiligten bestehen. Planungen und Abläufe des weltweiten Luftverkehrs werden zeitlogisch auf die jeweiligen Weltzeitzonen[3] bezogen. Insofern führen die lokalen Aktivitäten in den einzelnen Zeitzonen global betrachtet zu einem 24-Stunden-Betrieb. Lokale Versorgungskapazitäten sind zu unterhalten und weltweit durch entsprechende Transportverbindungen miteinander zu verknüpfen. Innerhalb der Luftverkehrsunternehmung ergeben sich gemäß der Kategorisierung nach Linien- und Charterdienst[4] weitere unterschiedliche Anforderungen; auch diese werden im Einzelfall für die Gestaltung der Datenverarbeitungssysteme relevant.

Das in der Nicht-Lagerfähigkeit des Produkts einer Luftverkehrsgesellschaft begründete Risiko ist für eine flugplangebundene, der Betriebs- und Beförderungspflicht unterworfene Linienfluggesellschaft per definitionem ungleich gravierender als für Charterunternehmungen, die ihren Einsatz weitgehend auf die aktuelle Reise- und Transportnachfrage abstimmen können.

---

[1] Dies gilt für die in der USA ansässigen Luftverkehrsgesellschaften nur zum Teil, für die hier angestellten Überlegungen ist diese Ausnahme jedoch nicht relevant. Die Luftverkehrsgesellschaften der Ostblockstaaten sind bei diesen Überlegungen (i.d.R.) ausgeklammert.

[2] zum Beispiel im Rahmen bilateraler Luftverkehrsabkommen; im Rahmen der ICAO (International Civil Aviation Organization); im Rahmen der IATA (International Air Transport Association).

[3] Als Basiszeit ist international GMT (0° Länge Greenwich) vereinbart. Vereinzelt gibt es Bereiche, die vom Weltzeitsystem abweichen.

[4] Zur Abgrenzung siehe SCHWENK, W.: Handbuch des Luftverkehrsrechts. Köln Berlin Bonn München 1981, S. 326 ff. und S. 407 ff.

Zur Minimierung verlustträchtiger Leerkapazitäten - die gerade bei den
Linienfluggesellschaften systemimmanent sind - besteht demzufolge die Notwendigkeit, Angebot und Nachfrage zeitlich sehr eng aufeinander abzustimmen.

Hohe Anforderungen werden an eine Luftverkehrsgesellschaft hinsichtlich
Sicherheit, Pünktlichkeit, Verfügbarkeit und Zuverlässigkeit gestellt. Der
Luftraum unterliegt einer strengen Überwachung, zumal er nicht nur von der
Vielzahl der zivilen Luftverkehrsgesellschaften gemeinsam genutzt, sondern
zudem auch mit dem Militärflugverkehr geteilt wird. Anmeldung und Verfol-
gung jeder einzelnen Flugbewegung ist daher unerläßlich.

Flugtermine und -zeiten, wie z.B. im Flugplan einer Liniengesellschaft ver-
öffentlicht, sind international aufeinander abgestimmt. Unpünktlichkeiten
haben in der Regel weitreichende (Folge-)Auswirkungen. Zur Einhaltung der
Flugplanvereinbarungen, wie diese zwischen einzelnen Luftverkehrsgesellschaften getroffen werden, ist es unabdingbar, daß Personal und Material
termingerecht am richtigen Ort in der erforderlichen Quantität und Qualität
verfügbar sind. Der Umlaufplanung im Planungssystem einer Luftverkehrsgesellschaft zur Disposition und Allokation des Fluggeräts, des Personals und
Materials kommt daher eine zentrale Ordnungsfunktion zu.

Für den Erfolg einer Luftverkehrsgesellschaft ist ihre Zuverlässigkeit
grundlegend. Gegenüber den Kunden müssen die Teilfunktionen (Flug-)
Auskunft, Reservierung und Transport durch gleichbleibende Präzision
gekennzeichnet sein. Die dabei eingesetzten technischen Hilfsmittel,
Informationssysteme und Kommunikationsträger sind für diese Präzision
technisch-organisatorische Voraussetzung und unterliegen demzufolge
ebensolchen Zuverlässigkeitsansprüchen.

Die für eine Luftverkehrsgesellschaft typischen Funktionen lassen sich
unter dem Gesichtspunkt der Themenstellung schematisch zu drei
Funktionsgruppen mit insgesamt acht Funktionselementen zusammenfassen
(s. Abb. 1). Die primären Leistungskomponenten umfassen dabei die
funktionalen Elemente Passage/Fracht, Strecke, Flugzeug und Bordpersonal

(s. Tabelle 1). Diese Funktionselemente werden (schematisiert) zum Leistungsereignis einer Luftverkehrsgesellschaft kombiniert.

Die Steuerungs- und Ordnungsfunktionen koordinieren - als sekundäre Leistungskomponente - die Aktivitäten der Primärkomponenten (s. Tabelle 1, Funktion 5). Wesentliche Verknüpfungen erfolgen durch das als separate Funktionseinheit beschriebene Integrationselement (s. Tabelle 1, Funktion 6), das ebenfalls der sekundären Leistungskomponente zugerechnet werden soll. Die luftverkehrsspezifische, weltweite Dienstleistung bedarf der räumlichen Integration. Die Verteilung der Leistungserstellung über Zeitzonen zieht die zeitliche Integration der Aktionen nach sich. Schließlich wird die Administration einer Luftverkehrsgesellschaft als eigenständige Funktionsgruppe, als weitere Leistungskomponente, aufgefaßt, die auch die Verwaltung und den Betrieb der Datenverarbeitung einschließt. Letztere ('tertiäre') Leistungskomponente ist natürlich in einer Luftverkehrsgesellschaft durch bestimmte Luftverkehrsspezifika geprägt, wenn auch die Grundstruktur dieser Funktionsgruppe durchaus nicht als branchenspezifisch anzusehen ist.

Es ist selbstverständlich, daß die hier dargelegte Funktionsabgrenzung ein hohes Aggregationsniveau widerspiegelt. Dieser Umstand führt zwangsläufig zu gewissen Unschärfen und gelegentlich zu einer gewissen Willkür bei einer - wie weiter unten im Text aufgeführten - Zuordnung von Systemen und Aufgaben zu den beschriebenen Funktionen. Diese Abstriche an der Exaktheit des Dargestellten sind insofern in Kauf zu nehmen, um überhaupt den folgenden Ausführungen eine übergeordnete Struktur und Systematik zugrunde legen zu können. Auch ist die hiermit vorgegebene, an den Funktionsgruppen orientierte Systematik als keineswegs fest und unabänderlich zu verstehen. Beispielsweise ist in der zugrundegelegten Struktur die Passage- und Frachtfunktion in einer Leistungskomponente zusammengefaßt. Dies ist unter den in der vorliegenden Arbeit relevanten Aspekten der DV[5]-mäßigen Abwicklung der Passage- und Frachtfunktionen bezogen auf die Vielzahl der in der Untersuchung berücksichtigten Luftverkehrsgesellschaften durchaus sachgerecht und mithin vertret-

---

[5] Die Abkürzung "DV" im Sinne des Begriffs "Datenverarbeitung" wird - weil sie praktisch ist - nachfolgend auch dann verwendet, wenn sie die Sprachästhetik stört. Die Bezeichnung "EDV" wird ausschließlich dort verwendet, wo die Funktion 8 einer Luftverkehrsgesellschaft entsprechend Abb. 1 und Tabelle 1 (siehe dort) gemeint ist.

bar. Die meisten (insb. kleineren) Luftverkehrsgesellschaften spielen im Frachtsektor entweder keine oder nur eine sehr nachrangige Rolle. Lediglich bei
größeren Luftverkehrsgesellschafen und bei solchen Gesellschaften, die sich
auf das Frachtgeschäft spezialisiert haben, erfährt die Fracht-Datenverarbei-
tung eine von der Passage-Datenverarbeitung eigenständige Entwicklung in
nennenswertem Umfang. Der Ausbau der Frachtsysteme ist gerade bei letzteren
Gesellschaften eine Aufgabe, die derzeit mit hoher Priorität vorangebracht
wird. Insofern würde eine Analyse, wie die in dieser Arbeit vorgelegte, wenige
Jahre später um eine klare Differenzierung zwischen Passage- und Fracht-
Funktion nicht umhin kommen.

Die Funktion "Integration" nimmt in der unmittelbar voranstehenden
Systematik eine Sonderrolle ein. Diese Funktion wird durch einen geeigneten
Rechnerverbund und durch entsprechende Daten-/Kommunikationsnetze
realisiert. Die wesentlichen Einheiten sind dabei Netzadministrationsrechner,
Netzknotenrechner, Leitungseinrichtungen (wie z.B. Modems) und
(intelligente) Terminals. Die intelligente Steuerung und Kontrolle dieser
Einrichtungen erfolgt vermittels entsprechender Prozeßrechensoftware.

Die Abbildung der unterschiedenen drei Funktionsgruppen auf die Struktur der
Datenverarbeitung (s. Abb. 2) erfolgt nach Zeitkriterien. Den spezifischen
Anforderungen der primären Leistungskomponenten entspricht die Realtime-
verarbeitung[6] mit Sofortaktion und -reaktion. Online-Verarbeitung[6] als

---

6) 'Realtime' ist mit dem Begriff 'Echtzeit' und 'Batch' mit dem Terminus
'Stapelverarbeitung' zu übersetzen.
"Eine Datenverarbeitungsanlage arbeitet im 'Echtzeitbetrieb', wenn sie
mit direkt angeschlossenen Vorgängen schritthaltend arbeitet und dabei
gezwungen wird, sich in ihren Abläufen diesen außerhalb der Datenverarbeitungsanlage liegenden Vorgängen anzupassen." (GRAEF, M.,
GREILLER, R., HECHT, G.: Datenverarbeitung im Realzeitbetrieb.
München - Wien, 1970, S. 83).
Der Online-Betrieb ist zwar auch von der aktivierten Verbindung Endbe-
nutzer/Zentrale gekennzeichnet, die Abläufe werden aber weitgehend von
der Datenverarbeitungsanlage bestimmt. Vgl. KAY, R.H., SZYPERSKI, N.,
HÖRING, K. und BARTZ, G.: Strategic Planning of Information Systems
at the Corporate Level. Information & Management, Vol. 3, No. 5 (Nov.
1980), S. 175-186. Die Hierarchie "Realtime/Online/Batch" der Verar-
beitungsmodi kann mit "SOFORT (für Realtime)/GLEICH (für Online)/SPÄTER
(für Batch)" verdeutlicht werden.
Präzise Definitionen auf der Basis der DIN 44300 finden sich in
SCHMITZ, P.; SEIBT, D.: Einführung in die anwendungsorientierte Informatik. Band 1: Systemtechnische Grundlagen, 2. Auflage, München 1982,
S. 217 ff.

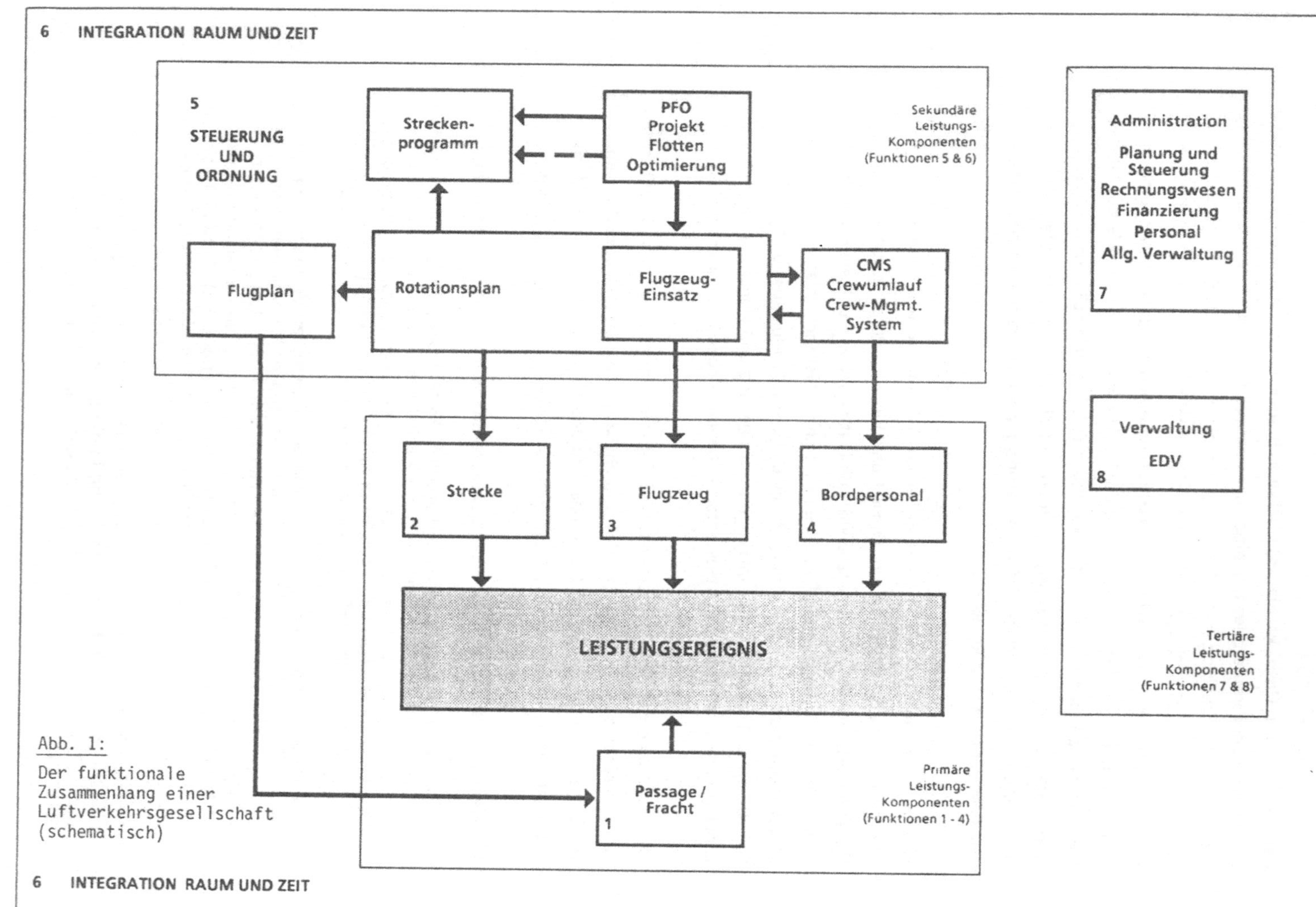

Abb. 1:
Der funktionale
Zusammenhang einer
Luftverkehrsgesellschaft
(schematisch)

Funktion 1:
PASSAGE/FRACHT
	Der Kunde als Passagier resp. Frachtversender
	   – Reservierung des Fluges
	   – Abfertigung
	   – Tarifauskunft, Flugpreisbestimmung
	   – Flugscheinausfertigung, Frachtbrieferstellung

Funktion 2:
STRECKE
	Das Angebot der Luftverkehrsgesellschaft an Transportwegen,
	die Verbindung von A nach B, wie im Flugplan veröffentlicht
	   – Streckenführung
	   – Flugwegplanung, Verkehrs- und Wetterinformationen
	   – Flughafeninformation
	   – Stationen
	   – Infrastruktur

Funktion 3:
FLUGZEUG
	Das Transportmittel der Luftverkehrsgesellschaft
	   – Nutzung
	   – Wartung/Überholung/Reparatur
	   – Verschleißkontrolle, Fehlerdiagnose
	   – Ingenieurwesen
	   – Materialwirtschaft/Umlaufteile
	   – Treibstoff (-disposition)

Funktion 4:
BORDPERSONAL
	Mitarbeiter der Luftverkehrgesellschaft und solche Leistungssegmente, die zum bestimmungsgemäßen Betrieb des Flugzeugs notwendig sind
	   – Crew : Cockpit und Kabine
	   – Bord-Versorgung (Catering)
	   – Be-/Entladen, Auftanken

Funktion 5:
STEUERUNG/ORDNUNG
	Koordinierung der Angebotsfunktionen 2 – 4 gemäß Kundenwunsch (Funktion 1)
	   o Rotationsplanung
	     – richtiges Fluggerät muß planmäßig am richtigen Ort verfügbar sein
	     – Einsatz- und Wartungszeiten, Liegezeiten
	     – Crews passend zum Gerät, Trainingszeiten
	   o Flugplanerstellung
	     – langfristige Flugplanung
	     – internationale Abstimmung
	   o Streckenprogramm/Flottenplanung
	     – Übereinstimmung von Angebot und Nachfrage: Optimale Nutzung der Kapazität je Strecke
	     – Konkurrenz, Marktbeobachtung

Funktion 6:
INTEGRATION
(Raum und Zeit)
	Die Kommunikationsmittel, die die Einzelfunktionen miteinander verbinden und somit für den störungsfreien Betrieb der Luftverkehrsgesellschaft sorgen
	   – Netzwerk
	   – Telegramm/Nachrichten
	   – Zeitlogische und -räumliche Bedingung: Transport der Informationen an den Ort, wo sie benötigt werden, zu der Zeit, wenn sie benötigt werden.

Funktion 7: **ADMINISTRATION**	Planung und Steuerung, Rechnungswesen, Personal, allgem. Verwaltung

Funktion 8:
E D V
	Organisatorisch zumeist der Verwaltung zugeordnet; hier als separate Funktion
	   – Betrieb der Anlagen
	   – Steuerung, Wartung
	   – Programmerstellung, -maintenance

Tabelle 1: Die Funktionen einer Luftverkehrsgesellschaft

typischer Verarbeitungsmodus der Steuerungs- und Ordnungsfunktion erfolgt
in direkter, interaktiver Verbindung zwischen Datenverarbeitungssystem und
Benutzer. Die Zuordnung von Administration zum Verarbeitungsmodus Batch[6]
korrespondiert schließlich mit der Stapelverarbeitung von zumeist voluminösen
Datenbeständen.

Nicht nur die zeitlogischen Anforderungen sondern auch die hohen Zuverlässig-
keitsanforderungen, die sich spezifisch aus dem Geschäft einer Luftverkehrsgesellschaft ergeben, haben Einfluß auf die Gestaltung des betreffenden
Datenverarbeitungssystems. Die Sicherheitsforderungen[7] bedingen
DV-seitig u.a. die Implementierung von Eingabe-, Verarbeitungs- und
Ergebniskontrollen mit Hilfe geeigneter Hardware- und Softwarekompo-
nenten. Um der Pünktlichkeitsforderung gerecht werden zu können, ist das
DV-System hinsichtlich seiner Verarbeitungs- und Übertragungsgeschwindig-
keit entsprechend zu dimensionieren. In der Kombination mit Realzeitverarbeitung ist hierbei die sogenannte Spitzenlastauslegung das i.d.R. system-
bestimmende Gestaltungskriterium. Die Forderung nach hoher Verfügbarkeit
bringt als gewollte Komponente Redundanz in das DV-System. Abstriche an
diesen Kriterien sind möglich bzw. können wirtschaftlich bedingt sein; sie
führen zu Abstrichen am technisch Möglichen.

Die Überkapazität/Redundanz als Systemkonzept [8] haben sich die Anbieter
sogenannter fehlertoleranter Systeme (FTS) [9] zueigen gemacht. Dabei werden
zur Realisierung sowohl Software- als auch Hardware-Wege beschritten.
Gemeinsam ist diesen FTS- Konzepten die Automatik, mit der andere System-
elemente Aufgaben von gestörten bzw. ausgefallenen Teilen des Systems
übernehmen. Als typische Kunden dieser Technologie werden explizit Luftverkehrsgesellschaften mit ihren Reservierungssystemen [10] aufgeführt.

---

[7] Der (juristische) Aspekt des Datenschutzes ist hier primär nicht
     angesprochen. Dieser Aspekt ist in der Bundesrepublik Deutschland
     besonderen gesetzlichen Regelungen (z.B. Bundesdatenschutzgesetz)
     unterworfen.
[8] Hoffentlich FTS-versichert, Diebold Management Report Nr. 4, (1983),
     S. 1-5.
[9] auch: Fault Tolerant Systems.
[10] YASAKI, E.K.: Fail-Safe Vendors Emerge, Datamation 28, 12 (Nov. 1982),
     S. 51-61.

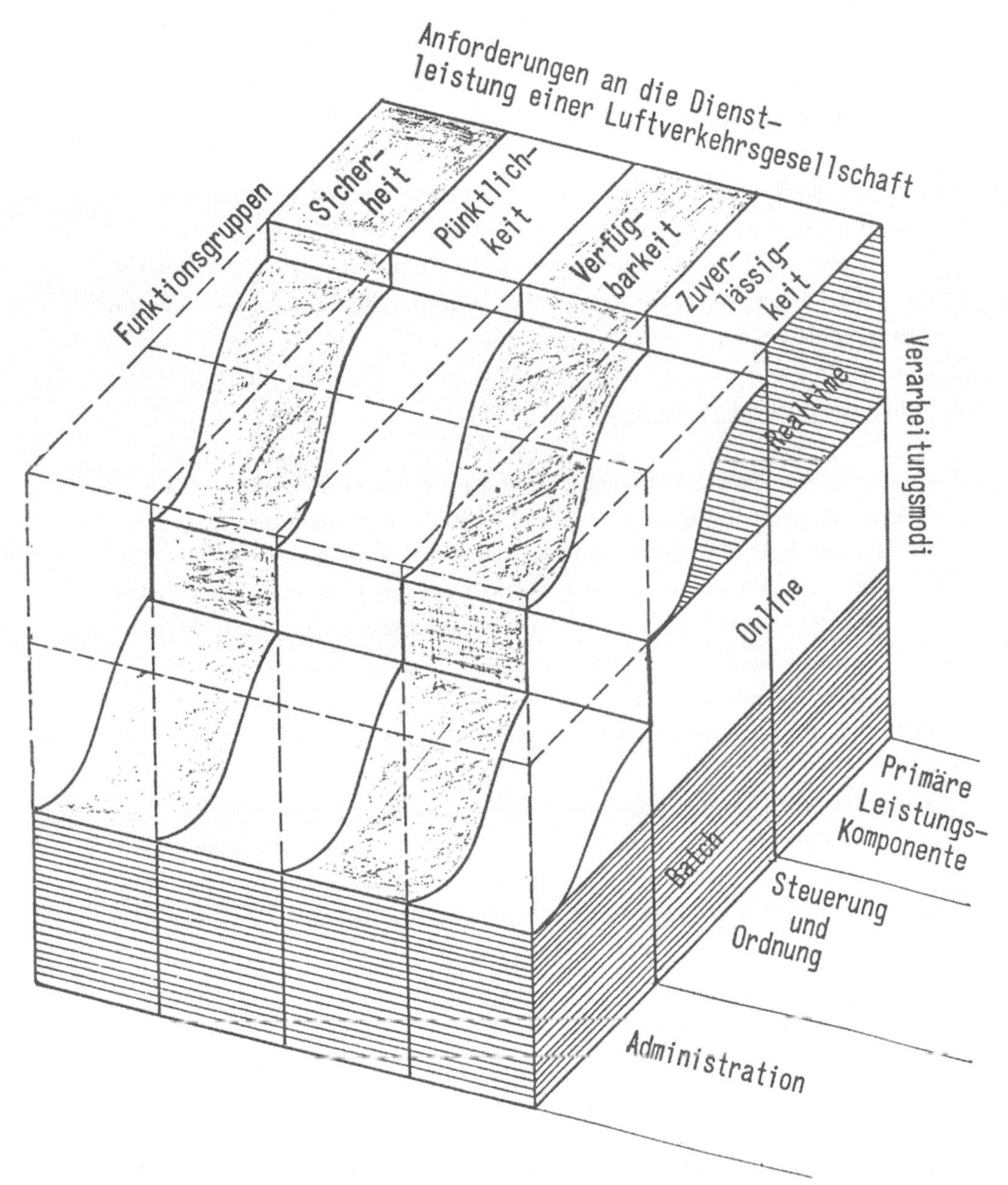

Abb. 2: Zusammenhang zwischen Anforderungen an eine Luftverkehrsgesellschaft, Funktionsgruppen der Luftverkehrsgesellschaft und den Datenverarbeitungsmodi

Um der Zuverlässigkeitsanforderung - resultierend aus dem Charakter der zu
erbringenden speziellen Dienstleistung einer Luftverkehrsgesellschaft - zu
genügen, ist ein hoher Informationsdatenbestand im Zugriff verfügbar zu
halten, der die Hardwarekonfiguration sowie die einzusetzenden Software-
Verfahren systemprägend beeinflußt.

Es bestehen Wechselwirkungen zwischen dem Informationssystem und der
Struktur der Organisation einer Unternehmung[11]. Im Falle einer Luftverkehrsgesellschaft liegt eine besonders starke Verflechtung von Datenverarbeitung und Entscheidungsprozessen vor; im allgemeinen gilt es, lokale Probleme
unter globaler Sicht zu sehen und zu lösen[12].

1.2. Abriß der zeitlichen Entwicklung

In seinem zeitlichen Entwicklungsprozeß hat die Datenverarbeitung in Luftverkehrsunternehmen ihren Anfang weitgehend an dem Kristallisationspunkt
"Platzreservierung" (Funktionselement 'Passage/Fracht') genommen. Das
erste Fluggastreservierungssystem[13] wurde von American Airlines entwickelt
und trug den Namen SABER[14]. Die dort gewonnene Erfahrung schlug sich in
den Systemen von Delta Airlines (Deltamatic) und Pan American Airlines
(PANAMAC) nieder. SABER wurde 1963 in Betrieb genommen, Delta und Pan
American starteten ihre Systeme ca. ein Jahr später[15].

Die erfolgreiche Unterstützung der Funktion "Passage" führte im Verlauf der
weiteren Entwicklung zu einer Serviceausdehnung seitens der Datenverarbeitung
auf andere Funktionselemente der Luftverkehrsgesellschaften. Aus der internen
Nutzung der mittels Datenverarbeitung automatisierbaren Informationsver-

---

[11] GROCHLA, E.: Unternehmungsorganisation. Reinbek 1973, S. 115. ff.
[12] ROBEY, D.: Computer Information Systems and Organization Structure,
Comm. ACM 24, 10 (Oct. 1981), S. 679 - 678.
[13] Ohne an dieser Stelle tiefer in die einschlägige Historie verzweigen
zu wollen, sei hier angemerkt, daß die Deutsche Luft Hansa bereits 1928
- zwei Jahre nach ihrer Gründung - Hollerithmaschinen einsetzte. Die
ersten Überlegungen der Deutschen Lufthansa AG, ihre Platzbuchung über
eine elektronische Datenverarbeitungsanlage abzuwickeln, gehen auf das
Jahr 1957 zurück. Siehe im einzelnen zur DV-Entwicklung bei der
Deutschen Lufthansa AG Tabelle 7.
[14] SABER steht für "Semi-Automatic Business Environment Research".
[15] SIWIEC, J.E.: A High Performance DB/DC System, IBM Systems
Journal 16,2 (1977), S. 169 - 195.

arbeitung resultierte die Überlegung, auch extern, im Markt, mit diesem
Serviceinstrument verstärkt präsent zu sein. Mehr und mehr nutzten auch
lokale Vertretungen der weltweit operierenden Luftverkehrsgesellschaften
zentralisierte Informationssysteme. Technologisch bedeutet dies eine Ver-
netzung von Computersystemen und DV-Anwendungen. Beginnend bei einem
einfachen Anschluß von Terminals an ein Zentralsystem bildeten sich Satelliten-
systeme aus, die lokale Probleme weitgehend autark behandeln und zur Bewältigung globaler Abläufe untereinander verbunden sind. Für die EDV selbst
ergab sich - quasi als Rückwirkung - der Zwang zu Erweiterungen interner
Steuerungsfunktionen, die die Hierarchie der Informationsströme in der Netzstruktur in Einklang mit den essentiellen Luftverkehrs-Spezifika halten[16],
sowie die Notwendigkeit für einen Netzverbund und für weitreichende gesell-
schaftsübergreifende Kooperationen im Sektor der Datenverarbeitung und
Kommunikation.

Die Deutsche Lufthansa AG z.B. hat das erste Platzreservierungssystem im
Jahre 1967 in Betrieb genommen und im Jahre 1971 zum Aufbau des eigenen
DV-Netzes auch die Anbindung an das externe Servicenetz der SITA[17] vollzo-
gen. Die damit eingeleitete Kooperation mit internationalen Gremien der
Luftverkehrsindustrie und anderen Luftverkehrsgesellschaften wird kontinuier-
lich ausgebaut. Mit dem Anschluß unter weitgehendem Eigenbeitrag an das
START-[18] Projekt hat außerdem die Deutsche Lufthansa AG Teile ihrer

---

[16] Im Rahmen der SABER Entwicklungen wurden Techniken der Übertra-
gungsleitung zur Bündelung, der partiellen Vorverarbeitungen nach dem
"Front-End"-Konzept, der Aktualisierung und Sicherung gemeinsam ge-
nutzter Ressourcen und, sehr wesentlich, Techniken der direkten Kommunikation zwischen Anwendungspaketen auf Satellitensystemen eingeführt.
SIWIEC, J.E.: A High Performance DB/DC System, a.a.O.

[17] SITA: Société Internationale de Télécommunications Aéronautiques.
1949 von elf Luftverkehrsgesellschaften zu dem Zweck gegründet, gemeinsam
Fernmeldeverbindungen zu betreiben; Zahl der Teilnehmer (in Form von
Anteilhaltern) 248; darunter z.B. 55 Airline Reservierungssysteme.
(Stand 7/1983). TALLON, P.: EDV im Dienst des Luftverkehrs; immer mehr
Anwendungen, Interavia 6, (1978), S. 507 - 512.

[18] START: Studiengesellschaft zur Automatisierung für Reise und Touristik;
Sitz: Frankfurt; gegründet 1971; Betriebsgesellschaft seit 1976; Routinebe-
trieb seit 1979. Gesellschafter: Je 25 %: Touristik Union International
GmbH TUI, Deutsche Bundesbahn, Deutsche Lufthansa AG, je 8 1/3 %:
Hapag Lloyd Reisebüro GmbH, Deutsche Reisebüro GmbH, Amtliches
Bayrisches Reisebüro GmbH. Gegenstand: Vermittlung von Daten eines
elektronischen Reservierungs- und Informationssystems für Reisedienst-
leistungen. Verbreitung (II. Quartal 1984): 2200 Terminals in 1500 Reise-
büros. FLEISCHMANN, F.: Grundlagen des flächendeckenden DV Großprojektes
"START", Telcon Report 3, Heft 2 (1980), S. 155 - 159.

Datenverarbeitungs-Systeme den Reisebüro-Agenten zugänglich gemacht. Ende 1983 waren neben dem START-System in der Bundesrepublik Deutschland (und Luxemburg) noch fünf weitere Agentensysteme in England (TRAVICOM), Hongkong (TAREX), Dubai (D-MARS), Australien (TIAS) und Neuseeland (MARS) an das Lufthansa-Reservierungssystem angeschlossen. Damit konnte das LufthansaAngebot durch rund 3000 zusätzliche Terminals an weitere Agenten herangetrágen werden.

Desweiteren nutzt die Deutsche Lufthansa AG vermittels sog. Co-host-Verträge die US-Systeme TAS (American Airlines) und APOLLO (United) und ist auf diesem Wege für eine Vielzahl der amerikanischen Reiseagenten präsent. Außerdem existieren derzeit Kooperationen mit Delta Airlines, TWA und Pan Am.

In der näheren Zukunft zeichnet sich eine weitere Marktdurchdringung im Mittel des Bildschirmtextes ab, mit dem das Angebot der Luftverkehrsgesellschaften noch näher an den Kunden gebracht werden kann. Ziel dieser Serviceerweiterung durch den Einsatz neuer Technologien ist es, durch intensivierte Marktdurchdringung den Kunden in die Lage zu versetzen, einfacher und schneller das Angebot prüfen und seine Wünsche äußern zu können.[19]

Damit verknüpft ist zugleich eine weitere Begründung für den Einsatz fehlertoleranter Systeme[20]. Je mehr nämlich die Durchdringung des Marktes fortschreitet, desto mehr Anwender sind an der Kommunikation mit dem Computer-System gleichzeitig beteiligt. Systemausfälle äußern sich dann nicht mehr bloß im Risiko brachliegender Hardwarekapazitäten, sondern - weit gravierender - in zur Untätigkeit verurteilten Systemteilnehmern. Der Schaden ist immens und erhöht sich noch erheblich, wenn Unternehmungen durch die Computerstörung nicht mehr in der Lage sind, ihre Leistung in der erforderlichen Qualität am Markt zu erbringen. Die hohe Systemzuverlässigkeit ist ein kardinales Gebot für den Einsatz von Datenverarbeitungssystemen im Bereich des Luftverkehrs. Irgendwelche Störungen in dem Reservierungssystem einer Luftverkehrsgesellschaft haben unmittelbar Nachteile auf das Gesamtgeschäft dieser Gesellschaft.

---

[19] Zu der Problematik dieser Entwicklung: BORNSTAEDT, F.v.: Chancen und Probleme von Bildschirmtext für Reisemittler, Office Management, 4/1984, S. 298-301 sowie Gespräch mit RÜTTER, K.: Was bedeutet die BTX-Lösung über START für die TUI-Agenturen? Fremdenverkehrswirtschaft, 8/1984, S. 17f.

[20] Hoffentlich FTS-versichert, a.a.O.

1.3. Kooperation im Bereich der Datenverarbeitung

Die Kooperation im Bereich der Datenverarbeitung, typisch, aber nicht exklusiv, zwischen Luftverkehrsgesellschaften verhindert einen Wettbewerbsrückstand und bringt bei positiver und erfolgreicher Strategie Marktvorteile der Kooperationspartner gegenüber der Konkurrenz und sichert damit die eigene Existenz. Mit dieser Kooperation entstehen natürlich auch Probleme der gemeinsamen Entwicklung, Finanzierung und Lösungsfindung. In seiner Studie analysiert BERNARD[21] diese Problembereiche:

- o   Einrichtung einer zentralen Netzwerk-Management Organisation;
- o   Interessenkonflikte zwischen den Teilnehmern;
- o   Besorgnis über den Verlust lokaler Autonomie;
- o   Koordination und Unterstützung des Endbenutzers.

Die Deutsche Lufthansa AG hat diese Aspekte bei ihren Kooperationsüberlegungen berücksichtigt. Sie ist - hier beispielhaft erwähnt - Mitglied in folgenden Gremien (nur die wichtigsten sind genannt):

IATA-Gremien

ATA/IATA	Interline Communications Committee (ICC) und ICC Interline Protocol Working Group
COMAC	Communications Advisery Committee; Working Group on CCITT (Comité Consultatif International Télégraphique et Téléphonique) Matters
DPSC	Data Processing Sub-Committee
IATA-	Time Tables Meeting
SISC	Schedule Informations Standards Committee
TIG	Technical Implementation Group (EDV-Flugpläne)
CASS	Cargo Accounts Settlement System

---

21) BERNARD, D.: Management Issues in Cooperative Computing, Computing Surveys 11, 1 (March 1979), S. 3-17.

AEA-Gremien

DSC   Data Services Conference

SITA-Gremien

ATLAS-Gremien

TLC   Telecommunications Committee, Atlas Partner

AGIFORS   Airlines Group, Interaction Federation of Operational Research
           Societies

Hersteller-Gremien

SPERRY   UUA/E   UNIVAC User Association Europe
           UAUA   UNIVAC Airlines Users Association

IBM/AMDAHL   Amdahl Users Meeting
                     SHARE
                     Europäischer Guide (Guidance for Users of Integrated
                     Data Processing Equipment)

Sonstige DV-Gremien

GI   (Konferenz der) Gesellschaft für Informatik
ACM   (German Chapter) Association for Computing Machinery
ECOMA   European Computer Measurement Association
FTZ   Fernmeldetechnisches Zentralamt:
                     Ausschuß für Fragen der Datenfernverarbeitung
DGOR   Deutsche Gesellschaft für Operations Research
DIN   Deutsches Institut für Normung:
                     Normenausschüsse Informationsverarbeitung

2. **Die Funktionsausfüllung und Funktionsunterstützung durch die automatische Datenverarbeitung in einer Luftverkehrsgesellschaft**
(Systemtechnischer Aspekt)

Aus den Spezifika einer Luftverkehrsgesellschaft resultiert, daß für die Datenverarbeitung in Luftverkehrsunternehmungen extreme Verfügbarkeitsansprüche, kurze Verarbeitungszeiten für schnelle Antworten und hohe Speichervolumina charakteristisch sind.

Die Anforderungen eines Reservierungssystems[22] werden durch die großen Mengen an Eingaben und Anfragen (Transaktionen)[23] bestimmt. Sofortige Bearbeitung und schnelle, präzise Antworten werden erwartet. Die Informationsbestände der Datenbanken sind daher online [24] und stets aktuell zu halten. Ausfälle oder Fehler sind durch Sicherungs- und Wiederaufsetzverfahren derart schnell zu beheben, daß sie bezogen auf den Arbeitsbereich des Benutzers (z.B. Mitarbeiter in der Zentralreservierung oder Reiseagenten) möglichst keine Schäden hervorrufen. Dies bedeutet zugleich, daß derartige Prozeduren die Systemleistung insgesamt nicht reduzieren dürfen.

Kritische Systemkomponenten sind dupliziert. Ein Backup-Prozessor als Stand-by-System übernimmt bei Ausfall [25] des Online-Systems die laufende Verarbeitung. Datenbanken werden ganz oder teilweise - abhängig von Bedeutung und Aktualität ihrer Daten - doppelt geführt. Redundanz und Overhead [26] sind funktionale Elemente, die schließlich (im Mittel) die geforderte Durchsatzleistung des Transaktionssystems sicherstellen.

---

22) SIWIEC, J.E.: A High-Performance DB/DC System, a.a.O.
23) Als 'Transaktion' werden in der Datenverarbeitung allgemein eine mit einer Dateneinheit (Nachricht) vorgenommene Übertragungs- und Verarbeitungsmaßnahme bezeichnet. Vgl. hierzu Lexikon der Datenverarbeitung, Siemens AG (Hrsg.), 1982. Für den Transaktionsanwender ist die sog. Responsezeit (Zeit zwischen dem Auslösen der Transaktion und dem Erhalt der Systemantwort) wesentlich, die i.d.R. im Sekundenbereich liegt.
24) Online: die Systemkomponente ist aktiviert und steht bei Bedarf sofort zur Verfügung. Offline: die Komponente wird erst bei Bedarf aktiviert.
25) Vgl. auch Aspekte, die unter dem Begriff "fehlertoleranter Systeme (FTS)" bereits weiter oben angesprochen wurden. Eine Übersicht, wie Hersteller dem genügeleisten, findet sich u.a. in SMITH, L.; MADSEN, K.: Nonstop Transaction Processing, Datamation 29, 3 (Mar. 1983), S. 167-179.
26) Als Overhead wird allgemein der verwaltungsbedingte Systemaufwand bezeichnet, d.h. die Eigenaktivität des Betriebssystems.

Für die bei Luftverkehrsgesellschaften im Einsatz befindlichen Reservierungssysteme sind ferner der hohe Grad von Multiprogrammierung[27] und Parallel-
Datenpfaden zur Bewältigung der großen Datenmengen in minimaler Zeit
typisch.

Ein wesentliches Element ist das Off-Load von Verarbeitungsteilen zum Bei-
spiel in Richtung von Front-End- und Back-End-Prozessoren[28]. Das Front-
End-Konzept[29] enthält dabei einen Prozessor als Interface zwischen dem
Hauptsystem und seinen externen Eingabestationen (Terminals, Computer,
Netzwerke). Der Back-End-Computer dient als Interface zwischen den Haupt-
systemen und seiner Datenbank[30].

Die Verlagerung von Datenbank-Funktionen auf ein eigenes Datenbank Management System (DBMS) wird von MARYANSKI[31] ausführlich erörtert. Primäre
Motivation für eine solche Funktions-Auslagerung ist - neben Leistungsgesichts-
punkten - der Kostenaspekt. Ein Back-End DBMS ist durchaus als wirtschaftliche
Alternative zu einem Ausbau eines großen Zentralprozessors denkbar[32].

Ein Off-Load in Form von Migration[33] in hierarchischen Strukturen zentraler
Speichermedien[34] ist eine bereits praktizierte Technik (s. Abb.3).

---

27) Multiprogrammierung: Mehrere Programme sind gleichzeitig aktiviert.
Sie überlappen in der Nutzung von CPU- und Ein-/Ausgabe-Service.

28) SIWIEC, J.E.: A High Performance DB/DC System, a.a.O.
SIWIEC bezieht in "Systemkomponenten" für eine Aufgabenverlagerung
(Off-Load) u.a. auch den Agenten im Reisebüro ein: nach seiner Ansicht
beginnt die Datenverarbeitung mit der telefonischen Reservierungsanfrage
eines Kunden, die vom Agenten in ein Terminal eingegeben wird.

29) Ein Front-End-System, auch unter der Bezeichnung 'Vorrechner' zu finden,
ist definiert als "Datenverarbeitungsanlage für Entwicklungsaufgaben
in einem Datenfernverarbeitungssystem - auch 'Kommunikationsrechner'
genannt", Lexikon der Datenverarbeitung. Siemens AG (Hrsg.), 1982.

30) CANADY, R.H. et al.: A Back End Computer for Data Base Management,
Comm. ACM 17, 10 (Oct. 1974), S. 575 - 582.

31) MARYANSKI, F. J.: Backend Database Systems,
Computing Surveys 12, 1 (March 1980), S. 3 - 25.

32) MARYANSKI (vgl. Zitat 31) stellt fest, daß seit der ersten Prototypent-
wicklung des Back-End DBMS (vgl. Zitat 30) zahlreiche kommerzielle
und wissenschaftliche Untersuchungen erfolgt seien. Ihm sei jedoch kein
System bekannt, das auf dem Markt vertrieben werde.

33) Migration: Die systematische Umlagerung (von Daten/Informationen)
zwischen verschiedenen Speichern.

34) SMITH, A.J.: Long Term File Migration: Development and Evaluation of
Algorithms, Comm. ACM 24, 8 (Aug. 1981), S. 521 - 532.

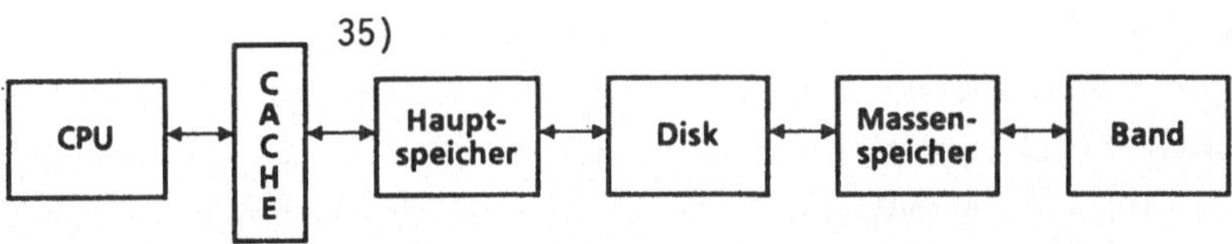

<u>Abb. 3</u>: Speicherhierarchie, schematisch

Diese Migration kann vom Anwender gesteuert sein, es sind aber auch automatische Verfahren als Teil der Systemsoftware entwickelt. Die Algorithmen der Verlagerung sind in der Regel eine Kombination aus Zugriffshäufigkeit (Alterungsprozeß) und Dateigröße.

Die weltweite Operation der Luftverkehrsgesellschaften führt zum Aufbau eines entsprechend umfangreichen Netzwerkes von Computern und Datenendgeräten. Zwischen den Netzen der Luftverkehrsgesellschaften bestehen vielfach Verbindungen. Diese Inter-Airline-Netzverknüpfungen sind typisch für hochgradig dezentralisierte Netzwerkstrukturen[36].

Ein Beispiel hierfür stellt die SITA[37] dar, die als eine ihrer wesentlichen Aufgaben das Übertragungsnetz stellt, während zahlreiche partizipierende Luftverkehrsgesellschaften ihre eigenen Reservierungssysteme betreiben.[38]

---

[35] CACHE: Ein Schnellzugriffsspeicher, in dem häufig angesprochene Hauptspeicherelemente abgebildet sind.

[36] BERNARD, D.: Management Issues ..., a.a.O.

[37] siehe Fußnote 17 in Kap. 1 und außerdem TALLON, P.: EDV im Dienst des Luftverkehrs ..., a.a.O.

[38] Die SITA z.B. bietet seit Anfang 1976 den Service des Reservierungssystems GABRIEL an. Zu den Hauptkomponenten gehört neben der Reservierung ein Wetterinformationssystem, Gepäckverfolgungs-, Abflugkontroll- und Flugpreissystem. An dem Realtime System SPERRY 1100/84, installiert in Atlanta (Georgia, USA) sind 31 Luftverkehrsgesellschaften mit 1537 Terminals angeschlossen (Stand: Juli 1983).

BERNARD[39] sieht den Erfolg dieser Zusammenarbeit wesentlich in einem hohen Grad an Standardisierung der Übertragungseinheiten (der SITA) und den übertragenen Nachrichten der Luftverkehrsgesellschaften (aufgrund IATA-Standards). Die dezentrale Organisation bedeutet, daß grundlegende zentrale Managementfunktionen des Gesamtsystems auf eine Reihe partizipierender Organisationen verteilt sind. Ein früherer Versuch eines zentralisierten Netzwerkes[40] stieß auf erhebliche Schwierigkeiten, weil es der Trägerinstitution nicht gelang, die potentiellen Teilnehmer zu gemeinsamen Abmachungen zu verpflichten[41].

2.1. <u>Vergleichende Betrachtung in der Luftverkehrsbranche</u>

Die Auswertung von Übersichten über den Einsatz von Datenverarbeitungssystemen in der Luftverkehrsbranche[42] zeigt, daß zahlreiche Luftverkehrsgesellschaften, speziell kleinere, auf eigene DV-Systeme zur Funktionsausfüllung und -unterstützung verzichten. Sie partizipieren bei anderen Luftverkehrsgesellschaften oder verpflichten externe Dritte. Dies erfolgt überwiegend im Hinblick auf den Funktionsbereich "Passage/Fracht" (Funktionsbezeichnungen s. Abb. 1 und Tabelle 1) und hier mit dem Schwerpunkt auf die Teilaufgaben Reservierung (56 %) und Baggage Trace (41 %). Sehr selten ist eine externe Abwicklung im technischen Bereich (maximal zu 3 %) und bei Operations (Funktionen "Flugzeug"

---

[39] BERNARD, D.: Management Issues ..., a.a.O.
[40] Als zentralisiert bezeichnet BERNARD (vgl. Zitat 39) die Struktur, bei der die Benutzerorganisationen lediglich als Kunden für den Netzwerkservice agieren. Die Netzwerkentwicklung und der Betrieb werden von einer Zentrale gesteuert. SITA betreibt zwar hauptsächlich ein Netzwerk, stellt jedoch seit 1976 den Teilnehmern Applikationen auf SITA-eigenen Rechnern zur Verfügung.
[41] CAB has Reservations on Airline Reservations, Datamation 16, 10 (Oct. 1970), S. 85 - 87. S. ferner Airlines Approach On-Line Agent System, Datamation 14, 7 (July 1968), S. 85 - 86.
[42] HENDERSON, D.K.: Airline Computerization Investment Nears $ 2 Billion, Air Transport World (ATW) 17, 11 (Nov. 1980), S. 69 - 80.
HENDERSON, D.K.: Airline Dependence on Computers Growing, Air Transport World (ATW) 20, 9 (Sept. 1983), S. 37 - 53.
Bei den folgenden Analysen wird unterstellt, daß die von HENDERSON referierten Erhebungen ein zutreffendes Branchenbild wiedergeben. Hinsichtlich von Einzelfragen (z.B.: Welche Luftverkehrsgesellschaft hat welche Aufgabe realisiert oder gedenkt, welche Aufgabe wann zu realisieren?) sei auf die betreffenden Erhebungsresultate im einzelnen verwiesen. Im folgenden werden die Einzelbefunde aufbereitet und verdichtet (s. insbesondere die Abschnitte 2.1. und 3.1.). Das Ziel ist eine Beschreibung und die Interpretation der Gesamtsituation der Datenverarbeitung im Luftverkehrsbereich, wobei diese Darlegungen am Beispiel der Datenverarbeitung der Deutschen Lufthansa AG weiter verdeutlicht werden.

und "Bordpersonal": um 4 %; ausgenommen die Funktion "Flugplanung" und "Flight Follow" mit einem Anteil von 10 - 12 %). Diese restriktive Haltung bezüglich der Funktionen "Flugzeug", "Bordpersonal" und "Steuerung/Ordnung" erklärt sich aus der meist zu beobachtenden Sensibilität dieser Bereiche gegenüber weiterführenden Automatisierungen.

Bezugnehmend auf eine - im folgenden nicht näher herangezogene - Vorgängeruntersuchung stellt HENDERSON fest[42], daß die Automatisierung der Aufgabenkomplexe der Luftverkehrsgesellschaften beständig fortschreitet. Er bezifferte in seiner Publikation im Jahre 1980[43] den Automatisierungsgrad von 1978 mit ca. 60%. Dies deckt sich mit Aussagen aus Herstellerkreisen[44], wonach der Kapazitätsbedarf an Zentralprozessoren in der Vergangenheit lineare Zuwachsraten um 20 % hatte. Danach wird eine Verstärkung des Bedarfs zu nichtlinearen Wachstumsraten um 40 % bis zu 60 % prognostiziert[45].

Betrachtet man allein die von der ATW 1983 (1980) aufgeführten 21 (18) Aufgabenkomplexe[46] für 102 (108) Luftverkehrsgesellschaften = 2142 (1944)

---

[43] Ebenda.

[44] Information seitens IBM Poughkeepsie (USA), 1982. Aussage bezieht sich nicht bloß auf Anwender der Luftverkehrsbranche.

[45] Die Anforderung der Kunden auf Installationsperioden von 4 bis 5 Jahren führt daher zu den erheblichen Leistungssprüngen bei derzeitigen CPU-Ankündigungen.

[46] In HENDERSON, D.K.: Airline Computerization Investment ..., a.a.O., werden 1980 im einzelnen folgende Aufgabenkomplexe unterschieden:
Bereich "Passenger Service Functions":
Reservations, Check-in, Ticketing, Fare Quote (Flugpreisberechnung), Hotel Reservation, Car Rental, Baggage Trace.
Bereich "Operations Functions":
Crew Management, Flight Planning, Weight/Balance.
Bereiche "Maintenance Engineering Functions":
Rotables Control (Umlaufteileverfolgung), Inventory Management, Maintenance Scheduling, Maintenance History.
"Miscellaneous":
Financial, Cargo Control, Management Information, Other.
Bereits die Rubrik "Other" der ATW-Studie 1980 zeigt eine Vielfalt weiterer automatisierter Aufgabenkomplexe. In Kapitel 3 wird auf die einzelnen Aufgaben näher eingegangen.
In der neueren Übersicht 1983 wird diese Liste um die nachstehenden Aufgabenkomplexe noch erweitert:
Bereich "Passenger Service Functions":
Schedules (Flugplan)
Bereich "Operations Functions"
Flight Follow (operationelle Statistik)
Bereich "Maintenance Engineering Functions":
Performance Analysis

An dieser Stelle sei nochmals darauf hingewiesen, daß die in diesen Erhebungen berücksichtigten Aufgabenkomplexe zum überwiegenden Teil Funktionen des Passagebereichs betreffen.

Matrixelemente, dann sind rund 56 % (50 %) davon automatisiert; 942 (979)
Aufgabenkomplexe werden bei irgendeiner Luftverkehrsgesellschaft (noch)
nicht per Datenverarbeitung behandelt. Dabei ist zu beachten, daß der Automatisierungsgrad bei großen Luftverkehrsgesellschaften erheblich höher (bis
zu 100 % der aufgeführten Komplexe) ist. Bei dieser quantitativen Wertung
sind die Aufgabenkomplexe unabhängig von ihrer Zuordnung zu Funktionen
betrachtet worden. Der qualitative Aspekt der Aufgabengewichtung gemäß
der Funktionszuordnung wird in Kapitel 3.1. diskutiert.

Die Bandbreite der eingesetzten Hardware streut hinsichtlich der Leistung
außerordentlich stark. So sind Minicomputer und sogenannte Personal Computer
(PC) ebenso vertreten und verbreitet wie Großsysteme (z.B. IBM 30xx,
SPERRY 1100).

Beispielhaft sind in nachstehender Tabelle 2 die Datenverarbeitungs-Aus-
stattungen einzelner ausgewählter Luftverkehrsgesellschaften angegeben.
In dieser Übersicht werden zu den betreffenden DV-Ausstattungen auch einige
Leistungswerte der jeweiligen Luftverkehrsgesellschaften aufgeführt, um die
Entwicklung im Bereich der Datenverarbeitung mit der Entwicklung des Luft-
verkehrsgeschäfts - grob - in Bezug zu setzen (eine mathematisch faßbare
Beziehung gelangt hierin nicht zum Ausdruck).

	LH	SR	KLM	AF	AZ *	SAS	BA	PA *	TWA *	UA *	AA	JAL *	RG *
EDV-Systeme LH = Lufthansa SR = Swissair KLM = Royal Dutch Airlines AF = Air France AZ = Alitalia SAS = Scandinavian Airlines System BA = British Airways PA = PanAm TWA = Trans World Airlines UA = United Airlines AA = American Airlines JAL = Japan Airlines RG = VARIG	Sperry 3x 494 1x 1100/83 1x 1100/82 IBM 1 x 3033 Amdahl 1 x V/7	IBM 2 x 3083 2 x 3033 1 x 158 1 x 20	IBM 2 x 3081 2 x 3033 2 x 65	IBM 1 x 3081 1 x 3033 1 x 3032 Sperry 1x 1100/44 1x 1100/84	IBM 1 x 158 2 x 168 1 x 3033	IBM 2 x 4341 1 x 3081 Sperry 1x 1100/84 Amdahl 1 x 5860	NAS 3 x 9060 1 x 9000 Amdahl 2 x V/8 2 x V/6 Tandem 19 x T 16	IBM 2 x 65 1 x 158 2 x 168	IBM 4 x 3033 1 x 168AP 1 x 168 1 x 34	Amdahl 1 x V/7 2 x V/8 IBM 2 x 3033 1 x 168 Sperry 7x 1108 6x 1100/80 4 x 1140 Data-general 20 x . Nova 41 x H P 2 x 3000 4-Phase 11 x	IBM 4 x 3083 3 x 3033 1 x 168 1 x 3081 Amdahl 2 x V/8	IBM 1 x 158 2 x 168 NCR 1 x 101 Burroughs 1 x 1855 Tosbac 2 x 5400 C HI 1 x 2120 Melcom 5 x 70	IBM 1 x 4341 1 x 148 NCR 1 x 615 Sperry 1 x 9300
TKO (Mio) 1979	5.270,2	2.295,7	3.543,4	6.134,8	2.520,4	2.503,0	7.600,7	8.792,5	9.647,0	11.255,4	10.577,8	6.373,0	2.046,6
1982	6.317,0	2658,3	4.119,5	6.764,9	2.840,1	2.367,6	6.827,1	10.673,0	8.149,0	12.062,8	8.642,8	8.124,7	2.666,1
Flugzeuge 1979	91	48	53	101	64	76	181	91	199	349	264	8	52
1982	100	51	51	93	56	86	138	137	160	317	231	82	62
Mitarbeiter 1979	29.838	15.008	18.879	33.078	17.604	16.769	54.922	27.518	35.156	53.212	40.864	21.286	16.664
1982	30.712	16.268	19.106	34.537	18.734	16.754	37.954	29.071	29.244	40.565	34.095	21.740	16.799

Quellenangabe:
1. EDV-Systeme : Air Transport World (ATW)-Studie 1983; die mit * gekennzeichneten Daten entstammen der Erhebung von 1980
2. sonstige Angaben : "World Air Transport Statistics" der IATA 1979 bzw. 1982

Tabelle 2: Die Ausstattung ausgewählter Luft-verkehrsgesellschaften mit DV-Systemen

Die Tabellen 3.1 und 3.2 zeigen, daß sich die Leistungsklassen etwa zu gleichen
Teilen (Großsysteme = ca. 47 - 49 % aller Systeme) in den beiden Erhebungsjahren[47] wiederfinden, wobei alle installierten Systeme (Owned und Leased)
gezählt sind. Es zeigt sich, daß eine Reihe von Luftverkehrsgesellschaften
(1980: 43 = 42 %; 1983: 49 = 51 %) ausschließlich Kleinsysteme einsetzt. Dies
sind in erster Linie auch die Gesellschaften, die auf eine eigene (d.h. Inhouse)
Realisierung u.a. der Reservierungsaufgabe verzichten. Andererseits kann es
als typisch angesehen werden, daß die Luftverkehrsgesellschaften mehrere
Systeme (im wesentlichen aus Gründen der Verfügbarkeit und Zuverlässigkeit)
einsetzen. Dies betrifft in erster Linie die Großsysteme, die zu rund 45 % in
Mehrrechner-Konfigurationen installiert sind. Das DV-System der Deutschen
Lufthansa AG zählt dabei mit (1983) 7 Großsystemen zu den größten Installationen unter den Befragten. Kleinsysteme sind häufig für weitgehend von den
zentralen Systemen eigenständige Aufgaben eingesetzt. Deshalb sind Vielfach-
systeme mit bis zu 41 Systemen (ATW-Studie 1980) durchaus nicht ungewöhn-
lich.

Der Finanzaufwand[48] für installierte Hardware und Software wird von ATW[49]
wie in den nachfolgenden Tabellen 3.1 und 3.2 zusammengefaßt angegeben.

Die Relation von Hardware- zu Software-Investition ist für Luftverkehrsgesellschaften typisch. Die stark netzwerkorientierten Systeme mit
Redundanzkomponenten zur Sicherung der Verfügbarkeit führen bei den
Luftverkehrgesellschaften zu besonders hohen Investitionen auf der
Hardwareseite. Sie entsprechen damit nicht dem allgemein geäußerten Trend,
wonach bereits in der nahen Zukunft der Softwareanteil bei weitem
überwiegen werde. Es muß jedoch offengelassen werden, inwieweit diese

---

[47] Die Auswertung ist in zwei Schritten erfolgt:
GETRENNT - jedes Erhebungsergebnis ist für sich analysiert worden;
GEMEINSAM - es sind nur die befragten Airlines bei der Analyse
berücksichtigt worden, die an beiden Studien
teilgenommen haben.
[48] ATW versteht unter Finanzaufwand die jährlichen Mieten, Abschreibungen
und Gebühren, gerechnet in US Dollar auf der Kursbasis von 1980 bzw.
1983.
[49] HENDERSON, D.K.: Airline Computerization Investment ..., a.a.O.
HENDERSON, D.K.: Airline Dependence on Computers Growing, a.a.O.

Alle Systeme		getrennt		gemeinsam	
		1980	1983	1980	1983
Quantity	Owned	305	235	113	116
	Leased	166	124	59	63
	Summe	471	359	172	179
Present Investment in	Hardware ($ Mio)	805	575	393	517
	Software ($ Mio)	459	230	241	209
Anticipated Investment	Hardware ($ Mio)	593	646	325	523
	Software ($ Mio)	344	221	185	183
	Airlines	103	96	39	39

Tabelle 3.1: Systemaufwand bei Luftverkehrsgesellschaften

Grosse Systeme		getrennt		gemeinsam	
		1980	1983	1980	1983
Quantity	Owned	131	83	56	61
	Leased	91	93	44	56
	Summe	222	176	100	117
Present Investment in	Hardware ($ Mio)	694	558	344	508
	Software ($ Mio)	399	221	188	206
Anticipated Investment	Hardware ($ Mio)	521	617	270	503
	Software ($ Mio)	292	210	139	178
	Airlines	60	47	24	28

Tabelle 3.2: Großsystemeinsatz bei Luftverkehrsgesellschaften

Investitionsprognosen (bei linearem Verlauf von über 10 % pro Jahr)
zutreffend sind und bleiben.

BROUGH[50] greift auf eine Erhebung aus dem Jahre 1978 zurück. Er be-
schreibt bei einem Volumen von 1,3 Mrd. US Dollar Hardware- und Software-
Investitionen eine Investitionsplanung einzelner größerer Luftverkehrsgesellschaften über 5 Jahre:

. für Hardware   24 - 60 Mio US Dollar
. für Software   15 - 20 Mio US Dollar

1980 weist der ATW-Bericht erheblich höhere Investitionsvorhaben aus:

. für Hardware   20 - 100 Mio US Dollar
. für Software   15 - 100 Mio US Dollar

Der Bericht 1983 enthält diesbezüglich keine signifikanten Veränderungen.
Allerdings sind in diesem Jahr die Luftverkehrsgesellschaften äußerst
zurückhaltend mit Angaben zu ihren Investitionen. Dies betrifft beide
Kategorien, die der durchgeführten wie auch die der geplanten Investitionen.

Nachstehende Tabelle 4 enthält eine Klassifizierung nach der installierten
Hardware; diese wird im ersten Teil aufgeschlüsselt nach dem angegebenen
Dollar-Volumen, im zweiten nach einer Leistungsklassifizierung in eine ober-
halb und unterhalb einer IBM 370- oder SPERRY 1100-Größe liegende Zentral-
einheit.

---

[50] BROUGH, B.M.: Managing the Information Ressource,
4th AOPAA Symposium, Lisboa (Nov. 1979).

	Jahr	Invest. bis 10 Mio US Dollar	Invest. bis 50 Mio US Dollar	Invest. über 50 Mio US Dollar	keine Angabe
getrennt	1980	48.5 %	18.5 %	2.9 %	30.1 %
getrennt	1983	45.8 %	7.3 %	5.2 %	41.7 %
gemeinsam	1980	46.2 %	23.1 %	5.1 %	25.6 %
gemeinsam	1983	38.5 %	15.4 %	10.3 %	35.9 %
		Systeme untere Gruppe		Systeme obere Gruppe	
getrennt	1980	43 Airlines mit 249 Systemen		60 Airlines mit 222 Systemen	
getrennt	1983	49 Airlines mit 183 Systemen		47 Airlines mit 176 Systemen	

Tabelle 4: Installierte Hardware

Eine nähere Analyse zeigt, daß die Luftverkehrsgesellschaften mit Systemen
der unteren Gruppe weitgehend identisch mit denen sind, die z.B. auf eine
Inhouse-Verarbeitung[51] bei der Reservierung verzichten.

Die Gruppe der Luftverkehrsgesellschaften mit höchsten Investitionsvorhaben
bildeten nach ATW 1980 die Unternehmungen UNITED AIRLINES, SWISSAIR
und AMERICAN AIRLINES, gemäß ATW 1983 sind dies Deutsche Lufthansa AG,
BRITISH AIRWAYS, SAS sowie AMERICAN AIRLINES.

Eingesetzt werden überwiegend Systeme der Hersteller IBM und SPERRY. Die
Die Tabellen 5.1 und 5.2 spiegeln den Marktanteil nach Luftverkehrsgesellschaften
wider. Bei IBM fällt ferner der hohe Anteil an Kleinsystem-Kunden auf. Nach
Systemen gezählt zeigt die Analyse der wiederholt an der Erhebung Beteiligten

---

[51] Im Kapitel 3.1 wird detailliert darauf eingegangen.

eine deutliche Zunahme an Großsystemen (von 54 auf 65), wobei IBM und AMDAHL
Zuwächse zu verzeichnen haben, während SPERRY einen leichten Rückgang aus-
weist. Die Detailanalyse nach eingesetzten Modellen spiegelt den Technologie-
Wandel speziell im marktführenden Herstellerbereich wider. AMDAHL ist 1983 mit
einer Ablösung der unteren Produktpalette (470 V 5) und der Erweiterung um die
obere Palette, Systeme der Familie 5850, vertreten. Analog verstärken sich bei
IBM die Großsysteme 308x und deutlich gewachsen ist der Anteil der IBM 4341. Die
Lufthansa-Konfiguration (siehe Abschn. 2.2) umfaßt seit Ende 1983 ebenfalls
Systeme dieser Technologie, IBM 3081 und AMDAHL 5850.

| Anzahl Airlines | getrennt | | gemeinsam | |
mit	1980	1983	1980	1983
IBM	72 (46)	60 (38)	29 (19)	30 (23)
SPERRY	20 (18)	15 (14)	11 (11)	11 (11)
AMDAHL	6 (6)	8 (8)	4 (4)	6 (6)
REIN SPERRY	11 (10)	5 (5)	4 (5)	3 (4)
MIX	9 (8)	10 (9)	7 (6)	8 (7)

<u>Tabelle 5.1:</u> Herstellerpräsenz bei Luftverkehrsgesellschaften

| Anzahl Airlines | getrennt | | gemeinsam | |
mit	1980	1983	1980	1983
IBM	146 (54)	100 (65)	53 (36)	57 (44)
SPERRY	34 (31)	21 (20)	17 (15)	15 (15)
AMDAHL	8 (8)	9 (9)	4 (5)	7 (7)

<u>Tabelle 5.2:</u> Systemeinsatz bei Luftverkehrsgesellschaften
nach Herstellern

Die Zahlen in Klammern beziffern jeweils die Anzahl an Großsystemen.

Seit 1972 gibt es einen regelmäßigen Informationsaustausch zwischen elf
europäischen Luftverkehrsgesellschaften über Entwicklungen und Verfahren
im DV-Bereich[52]. Basierend auf diesen Aufzeichnungen, die mit dem Jahr
1972 beginnen und einen Vorläuferbericht des Jahres 1969 mitberücksichtigen,
ist eine weitere Entwicklungsanalyse über den Lufthansa-Rahmen hinaus
möglich. Die zitierte Betrachtung befaßt sich mit der Ausstattung an Zentraleinheiten und beachtet dabei die Präsenz der Großsystemanbieter. Es zeigt
sich, daß IBM kontinuierlich die Leistung ihrer Systeme - ausgedrückt in Instruktionsausführungsraten (sogenannte MIPS-Raten) - zu steigern sucht,
wobei insbesondere mit dem Auftauchen der kompatiblen Hersteller, allen
voran AMDAHL, die Intervalle der Neuankündigungen verkürzt wurden. Der
sich im Betrachtungszeitraum einstellende Leistungsbedarf wird im wesentlichen durch die verstärkt eingeführte Realzeitverarbeitung mit steigenden
Transaktionsraten bei zumindest gleichbleibendem Serviceanspruch bestimmt.

An Systemsoftware setzt UNIVAC das USAS[53]-Paket ein, das in Zusammenarbeit mit zahlreichen Stammkunden entwickelt worden ist. IBM hat das System
PARS entwickelt und dieses später zu IPARS[54] erweitert; beide Systeme
laufen unter ACP[55].

Gänzlich anders als der Bereich der Zentralsysteme ist der Bereich der peripheren Endgeräte (z.B. Bildschirm-Terminals, Drucker) strukturiert, der eher
branchenspezifische Merkmale widerspiegelt. Bei der Betrachtung der im
einzelnen vertretenen Hersteller ist eine deutliche Kategorisierung auszumachen:

- Branchen-Hersteller(etwa mit einem Bordkartendrucker speziell für
  Airlines)

- Terminal-Hersteller (finden in der Luftverkehrsbranche typische
  Anwender)

---

52) DSC Working Group on Accounting Practices.
   LH Survey of Computer Equipment in Selected Airlines.
   Interne Berichte, jährlich 1972 - 1983.
53) USAS: Univac Standard Airline Software (SPERRY).
54) IPARS: International Passenger Airline Reservation System (IBM).
55) ACP: Airline Control Program (IBM).

- Endgeräte-Spezialisten (z.B. dezentral eingesetzte Drucker)

- Großsystem-Hersteller (decken auch den Bildschirmgeräte-Markt mit ab)

- Außerdem sind (regional) sog. 'nationale Marktführer' von Bedeutung (z.B. in Skandinavien und Frankreich)

Anders als bei der eindeutig auf wenige Großhersteller konzentrierten Zentralsystem-Szene sind die Marktanteile im Markt der peripheren Endgeräte breiter verteilt.

Ausgehend von den DSC-Gesellschaften[56] ergibt sich für 1982 etwa folgende Struktur:

> ca. 20 % 1 Hersteller
> ca. 14 % weitere 3 Hersteller
> 66 % verteilen sich auf viele, z.T. kleinere Hersteller

Nach einer empirischen Übersicht[57] der INTERAVIA bestehen typische Netzwerke aus etwa 1000 bis 7000 Terminals. IBM spricht von einem typischen ACP-Netz[58] mit 2000 bis 5000 Terminals pro Netzwerk. Anforderungen für die Unterstützung von Systemen mit über 10.000 Terminals sind inzwischen bekannt geworden.

Es wurde weiterhin bereits darauf verwiesen, daß neben eigenen Netzen auch solche von Institutionen wie der SITA benutzt werden. Aus den im Gründungsjahr 1949 der SITA beteiligten Gesellschaften sind 1983 (Ende 1977) 248 (40) Gesellschaften mit 10.419 (2000) Agenturgeräten geworden. Der Statistik über 55 (24) große Luftverkehrsbuchungssysteme[59], die am SITA-Netz angeschlossen sind, ist die Gruppierung aus Tabelle 6 zu entnehmen.

---

[56] Von den insgesamt 20 AEA-Gesellschaften gehören der AEA-Data Services Conference (DSC) 11 europäische Luftverkehrsgesellschaften an; u.a. die Deutsche Lufthansa AG. Vgl. auch Abschn. 1.3.
[57] TALLON, P.: EDV im Dienst des Luftverkehrs ..., a.a.O.
[58] SIWIEC, J.E.: A High-Performance DB/DC System, a.a.O. ACP: siehe Fußnote 55.
[59] Pocket Guide to SITA (July 1983).

Geräte	0 – 39	40 – 80	80 – 150	über 150
Luftverkehrs- 1977	8	10	4	2
gesellschaften 1983	11	10	16	18

<u>Tabelle 6:</u> Am SITA-Netz angeschlossene Luftverkehrsgesellschaften

2.2. Funktionsabdeckung der Datenverarbeitung bei der Deutschen Lufthansa AG

Die Abdeckung von Funktionen einer Luftverkehrsgesellschaft (wie auch bei jeder anderen Art Unternehmung) ist kein statischer Zustand, sondern ein historischer Prozeß. Die Datenverarbeitungssysteme werden entsprechend der zur Verfügung stehenden technischen Möglichkeiten - abgestimmt auf den funktionalen Bedarf der jeweiligen Unternehmung - im Zeitablauf ausgebaut. Diese Entwicklung vollzieht sich kontinuierlich und ist von den sich zeitlich wandelnden Aufgabenschwerpunkten sowie von der Größe und dem strukturellen Aufbau der Unternehmung abhängig. Die Entwicklungsgeschichte der datenverarbeitenden (Zentral-)Systeme der Deutschen Lufthansa AG wird nachstehend synoptisch in Tabelle 7 (auf den Seiten 36-39) dargestellt. Um zu dieser Historie die Fortentwicklung der Unternehmung in bezug setzen zu können, sind der DV-Entwicklung auch einige Leistungsdaten des Luftverkehrs der Deutschen Lufthansa AG zeitlich korrespondierend gegenübergestellt.

JAHR	EREIGNIS
(1919) (1926) 1928 (1954)	Erste planmäßige Linienflüge des Zivilluftverkehrs in Deutschland Gründung "Deutsche Luft Hansa" Einrichtung der Hollerith-Abteilung Neugründung "Deutsche Lufthansa AG"
1954	Wiedereinrichtung der Hollerith-Abteilung in Hamburg
1955	Einsatz von IBM Tabellierer mit Sortierer, Doppler und Mischer Bearbeitung der Material-, Arbeitsstunden- und Verkehrsabrechnung
1957	Vorbereitende Maßnahmen zur Umstellung von 'konventioneller auf 'elektro- nische' Datenverarbeitung

1961	Installation einer IBM 1401/Karte in Hamburg mit
	
	    IBM 1402 Kartenein- und -ausgabe
	
	    IBM 1403 Drucker mit 132 Schreibstellen

1962	Installation einer NCR 315 in Hamburg mit
	
	    NCR 380/544 Kartenleser/-stanzer
	
	    NCR 340 Drucker
	    NCR 332 Magnetbandlaufwerk 556 bpi

1964	Installation einer SIEMENS 3003 in Frankfurt für kommerzielle Aufgaben Installation eines Systems IBM 1440 in New York

1965	Installation eines Duplex-Systems SIEMENS 3003 in Frankfurt für die
	Platzbuchung mit
	    Drucker
	    Magnetbandlaufwerk 80/120 Zeichen pro cm
	    Magnetplattenlaufwerk

1967	Die Aufgabe 'Reservierung' geht auf dem SIEMENS System in den Routine- Betrieb. Angeschlossen ist ein Datenübertragungsnetz mit Fernschreib- Standleitungen.
1968	Ablösung der IBM 1440 in New York durch IBM 360-30

1969	Die Aufgabe 'Fluggastabfertigung' geht auf dem SIEMENS System in
	Routine-Betrieb.
	
	Eine Univac 494 Duplex Anlage wird als Nachfolgesystem für das SIEMENS
	System zu Testzwecken installiert:
	    UNIVAC 494 Zentraleinheit
	
	    Fastrand II Trommeln
	
	    Trommeln FH 1782
	
	    Trommeln FH 432
	
	    Magnetplattenlaufwerke VIII-C-SERVO 800 bpi
	    Schnelldrucker

<u>Tabelle 7:</u> Entwicklung der (Zentral-)Systeme der Deutschen Lufthansa AG

Haupt-speicher	LEISTUNG / KAPAZITÄT Peripherie	Zugriff	Geschwindig-keit	Anzahl der Flug-zeuge	TKO Mio	Flug-gäste Mio	Mitar-beiter per 31.12.	Ertrag Mio DM
				-	-	-	583	-
				11	25	0,074	2.040	24
				21	106	0,4	4.940	129
4.000 Stellen				37	455	1,6	11.981	453
			E: 48.000 Karten/Std A: 15.000 Karten/Std 36.000 Zeilen/Std					
10.000 Silben				39	561	1,9	12.434	506
			E: 120.000 Karten/Std A: 15.000 Karten/Std 56.000 Zeilen/Std. 66 KCharacter/Sek					
				44	773	2,6	12.963	767
65.536 Zeichen				52	968	3,2	14.990	940
			45.000 Zeilen/Std 46.000 Zeichen/Sek					
	38,3 Mio Zeichen	136 ms						
				63	1.463	4,3	17.970	1.366
			10 Zeichen/Sek	71	1.623	5,0	18.261	1.525
				73	1.964	5,9	19.745	1.772
128 K Worte			750 ns Zyklus					
	132 Mio Zeichen	92 ms						
	10 Mio Zeichen	17 ms						
	1,3 Mio Zeichen	4,3 ms						
			1600 Zeilen/Min					

JAHR	EREIGNIS
1970	Installation einer IBM 360-50 in Frankfurt mit Magnetplattenspeicher IBM 2314 Magnetbandlaufwerke IBM 2401 7/9 Spur Schnelldrucker IBM 1403
1971	Ablösung der IBM 360-50 durch IBM 360-65 Multiprozessor (MP) mit dem Datenbanksystem IMS Trommelspeicher IBM 2301 und weiterer Peripherie wie bei der IBM 360-50 Auf dem UNIVAC 494 System geht die 'Telegrammvermittlung' als erste Realzeitaufgabe in Routine-Betrieb. Das Datenübertragungsnetz ist wesentlich erweitert. Installation einer zweiten IBM 360-30 in New York.
1972	Die Aufgabe 'Fluggastbuchung' geht auf dem UNIVAC-System in Routine-Betrieb.
1973	Die SIEMENS 3003 Systeme in Frankfurt werden außer Betrieb gestellt.
1974	Installationswechsel von IBM 360-65 MP zu 370-158 MP. In New York wird auf IBM 370-125 gewechselt.
1975	Ausbau des UNIVAC 494 Systems um einen dritten Prozessor. Realzeitbetrieb als 'Master/Slave' und 'Standby'.
1976	Abbau der NCR Anlagen in Hamburg
1977	Das Nachfolgesystem SPERRY 1100/80 für das System 494 wird eingebracht.
1978	Das UNIVAC 494 System wird auf 4 Prozessoren ausgebaut und als Frontend/Backend-System gefahren. Die IBM 370-158 Anlagen werden durch IBM 3033 und 370-168 ersetzt. Installationswechsel in New York auf IBM 370-138.
1979	Ein System IBM 3033 löst die 370-168 ab.
1980	Ein System AMDAHL 470 V/7 ersetzt die IBM 3032.
1981	Eine SPERRY 1100/82 Anlage wird für die Aufgabe 'Fracht' eingesetzt.
1983	Eine SPERRY 1100/61 Anlage wird zu Testzwecken für das Projekt LIFTNET in Betrieb genommen. Das System IBM 3033 wird durch eine IBM 3081 ersetzt. Zu der installierten AMDAHL V/7 kommt als drittes System eine AMDAHL 5850.

Tabelle 7 (Fortsetzung): Entwicklung der (Zentral-)Systeme

| Haupt-
speicher | LEISTUNG / KAPAZITÄT | | Geschwindig-
keit | Anzahl
der
Flug-
zeuge | TKO
Mio | Flug-
gäste
Mio | Mitar-
beiter
per
31.12. | Ertrag
Mio DM |
	Peripherie	Zugriff						
256 K Bytes	28 Mio Bytes	77,5 ms	60/160 K Bytes/Sek 66.000 Zeilen/Std	74	2.267	7,0	21.948	2.033
1.024 K Bytes	4 Mio Bytes	750 ns (p.8 Byt.) 8,6 ms	1.200 K Bytes/Sek 600 Zeichen/Sek	81	2.580	7,5	22.841	2.391
				79	2.919	8,5	22.888	2.538
				81	3.229	8,0	23.761	2.777
4 M Bytes		1.035 ns (p.16 Byt.)	115 ns Zyklus	86	3.751	9,6	24.441	3.444
				90	4.105	10,1	25.340	3.760
				94	4.473	11,2	26.451	4.257
2 Mio Worte		1.250 ns (p.8 Worte)	200 ns Zyklus	93	4.685	11,7	27.677	4.562
				96	5.055	12,6	29.400	5.015
6 M Bytes		348 ns 480 ns (p.8 Byt.)	58 ns Zyklus 80 ns Zyklus	95	5.357	13,7	29.838	5.645
8 M Bytes		320 ns (p.4 Byt.)	29 ns Zyklus	97	5.847	13,9	30.664	6.404
				110	5.896	13,9	30.696	7.739
				114	6.803	14,3	31.575	8.821
16 M Bytes		280 ns (p.8 Byt.)	24 ns Zyklus					

Die folgenden Abb. 4.1. - 4.4. zeigen im einzelnen die Entwicklungen der bei
der Deutschen Lufthansa AG installierten Kapazität der zentralen Hardware-
systeme.

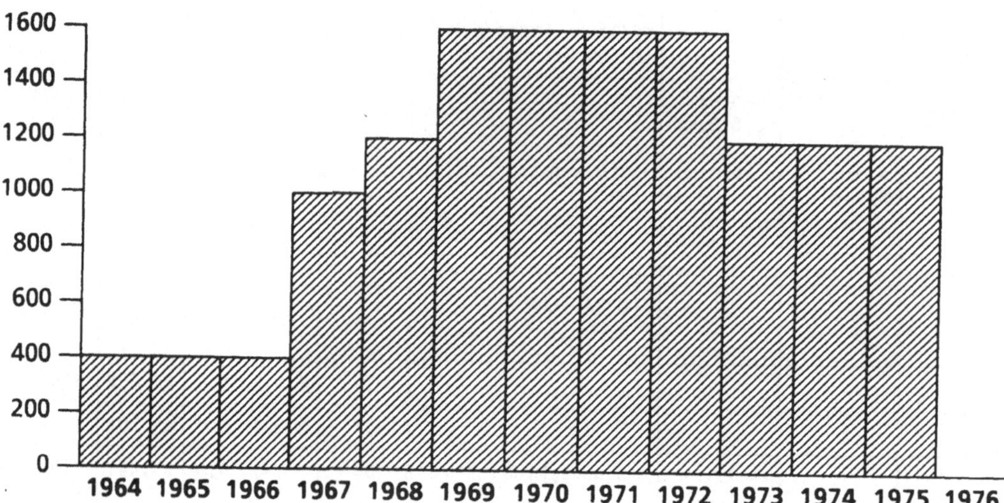

Abb. 4.1: Kapazität der NCR-Anlagen in Hamburg

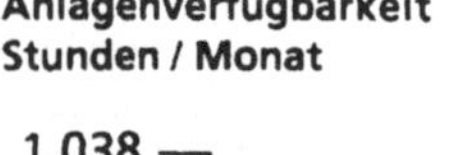

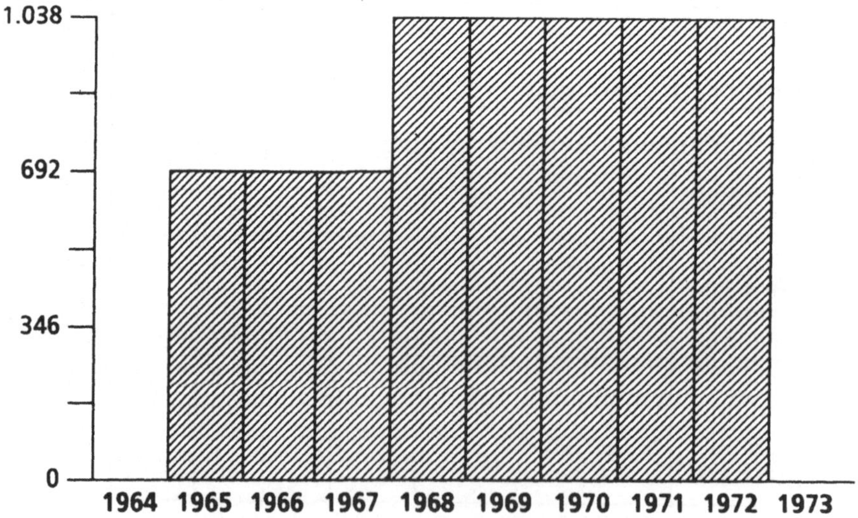

Abb. 4.2: Kapazität der Platzbuchungssysteme SIEMENS 3003

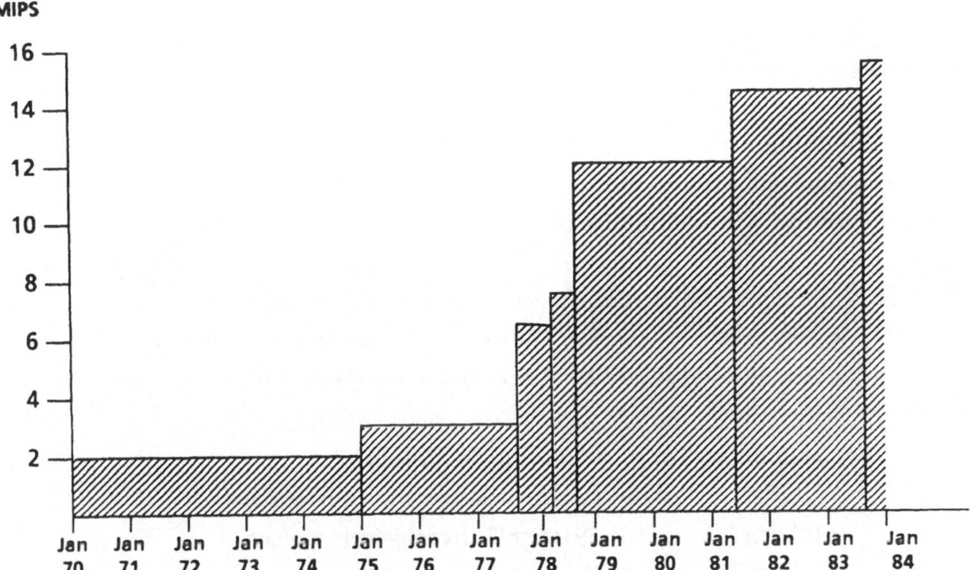

Abb. 4.3: Kapazität der UNIVAC/SPERRY-Anlagen in Frankfurt

Die Kapazität ist auf der Basis der üblichen Herstellerangaben über Instruktionsausführungsraten (MIPS) als Summe der installierten Zentraleinheiten angegeben. Für die UNIVAC-494-Systeme sind Hardware-Monitor-Meßwerte mitberücksichtigt.

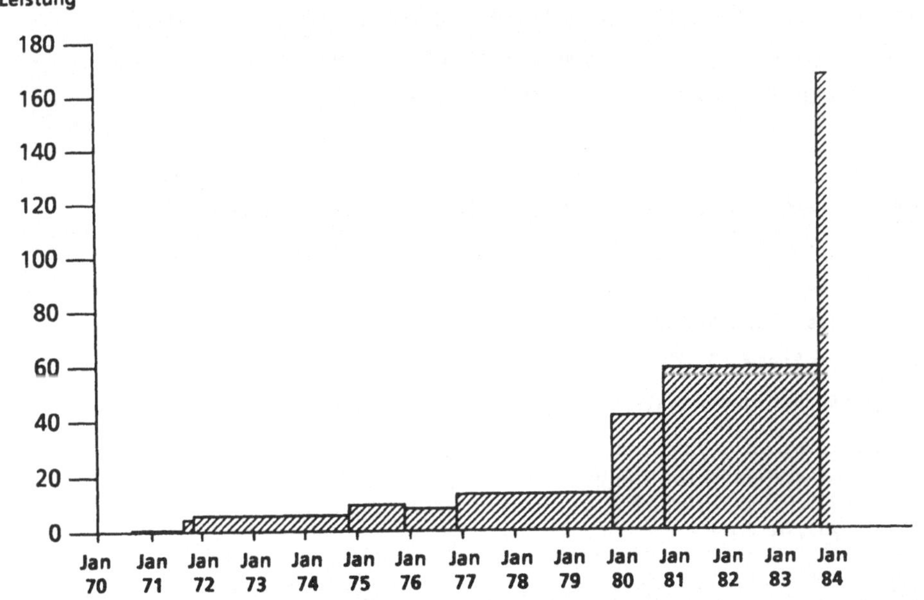

Abb. 4.4: Kapazität der IBM / AMDAHL-Anlagen in Frankfurt

Der Hersteller IBM bevorzugt (soweit überhaupt publiziert) Leistungsangaben in Relation zu Vorgängersystemen (hier: System in MIPS-Relation mit / 360-50 als Basis = 1).

Die Struktur der Datenverarbeitung einer Luftverkehrsgesellschaft, so auch
bei der Deutschen Lufthansa AG, ist durch die Funktionen, die eine Luftverkehrsgesellschaft ausfüllt, bestimmt, wie sie in Abb. 1 und Tabelle 1 zusammengefaßt sind. Die bestimmenden Kriterien für die DV-Auslegung sind
in Tabelle 8 aufgeführt; ein Überblick über den Lufthansa-Rechner-[60] und
-System-Verbund ist mit Abb. 5 gegeben.

Die Datenverarbeitung bei der Deutschen Lufthansa AG - heute - ist ein
Bereich innerhalb des Vorstandsressorts Finanzen[61]. Der Bereich trägt die
Bezeichnung "Datenverarbeitung und Fernmeldedienste" und umfaßt im einzel-
nen folgende Einheiten:

-     Hauptabteilung Systemanalyse und Programmierung
-     Hauptabteilung Datenverarbeitungs- und Fernmeldebetriebe
-     Abteilung Planung DV-Systeme/Fernmeldeinrichtungen
-     Abteilung Verwaltung DV/Fernmeldedienste
-     Abteilung Verfahren und Schulung
-     Referat Dezentralisierungsprojekte

Die Datenverarbeitungsbetriebe, die der Hauptabteilung 'Datenverarbeitungs-
und Fernmeldebetriebe' angehören, sind die eigentlich executiven Bereiche.
Im wesentlichen in diesen Betriebseinheiten vollzieht sich zentralseitig konkret
die hier thematisierte Funktionsabdeckung. Die Deutsche Lufthansa AG unter-
scheidet organisatorisch zwei Datenverarbeitungsbetriebe :

Der <u>Datenverarbeitungsbetrieb 1</u> ist mit SPERRY-Systemen[62] konfiguriert.
Als Back-End-Prozessoren sind SPERRY-1100-Zentraleinheiten eingesetzt
und UNIVAC-494-Einheiten dienen als Front-End-Prozessoren. Diese Anlagen
werden für die operationellen Bereiche des Verkaufs, Verkehrs und Flugbetriebs
eingesetzt. Dabei werden alle passagier- und flugbetriebbezogenen Applikationen auf einem System 1100/83 (sog. Passage-System) und alle frachtbezogenen
Applikationen auf einem System 1100/81 bearbeitet. Jedem dieser Systeme

---

[60] Eine umfassende Definition des Rechnerverbundes findet sich in
SCHMITZ, P.; HASENKAMP, U.: Rechnerverbundsysteme. München,
Wien 1981, S. 14.

[61] Das Vorstandsressort Finanzen der Deutschen Lufthansa AG umfaßt
neben dem Bereich "Datenverarbeitung und Fernmeldesysteme", die
Direktion "Planung und Steuerung", den Bereich "Rechnungswesen und
Allgemeine Dienste", die Hauptabteilung "Finanzierung, Geld und Kredit"
sowie das Justitiariat.

[62] Die Systeme UNIVAC, später SPERRY UNIVAC tragen seit 1983 die
(Firmen-)Bezeichnung SPERRY.

Funktion 1: **PASSAGE/FRACHT**	Die Applikation Reservierung beherrscht die Struktur und Abläufe des Datenverarbeitungsbetriebes 1. Realtime-Bedarfsauslegung auf Spitzenanforderung. Mehrrechnerkonzept. Hoher Bedarf an Speicherkapazität mit schnellem Zugriff. Integrierte Frachtabwicklung.
Funktion 2: **STRECKE**	Präsenz einer Luftverkehrsgesellschaft an einem Ort kann Anschluß an zentrale Datenverarbeitung zur Folge haben, d.h. Netzwerkausdehnung wird durch Streckenstruktur mitbestimmt.
Funktion 3: **FLUGZEUG**	Erfordert Datenbank und hat IMS-Struktur der Systeme des Datenverarbeitungsbetriebes 2 bestimmt. Direktanschluß mit fixierten Terminen der Flugzeug-Wartung
Funktion 4: **BORDPERSONAL**	Zeitkritische Funktion wegen flugplangebundenem Liniendienst mit Realtimeanforderung.
Funktion 5: **STEUERUNG/ORDNUNG**	Hat im wesentlichen Datenverarbeitungsbetrieb 2 mit IBM Systemen bestimmt: IMS Datenbanken und Batchbearbeitung. Auswertung umfangreicher Datenbestände. Hohe Verfügbarkeit erfordert Redundanz. Timesharing-Applikationen.
Funktion 6: **INTEGRATION**	Per Definition: Netzwerk mit Front-End-Komponenten und Knoten. Lufthansa-Anschluß an SITA. Weltweite Verteilung mit Realtime-Bedarf erfordert aufgrund der Zeitverschiebung 24-Stunden-Verfügbarkeit.
Funktion 7: **ADMINISTRATION**	Bestimmt im wesentlichen die Batchkapazität. In Zukunft Online-Applikationen zunehmend.
Funktion 8: **E D V**	Dialogprogrammierung, Dokumentation Testverfahren, Monitoring, Tuning Sicherungsverfahren Abrechnungsverfahren Meist System- oder Hilfsprogramme; in Zukunft vermehrt Anwender-eigene Programme der Kapazitätsplanung.

<u>Tabelle 8:</u> Funktionsanforderungen/Kriterien für die DV-Auslegung

ist für Entwicklung und Test der Applikations- und System-Software ein dediziertes Testsystem zugeordnet, wobei es sich um eine 1100/82- (Test und Entwicklung Passage) bzw. eine 1100/81-Anlage (Test und Entwicklung Fracht) handelt.

Die hohe Speicherkapazität dieser Systeme ist nach einer hierarchischen Medienstruktur [63] realisiert. Je nach Aktualitäts- und Zugriffsbedarf sind die Daten-

---

[63] Cache, Hauptspeicher, Trommel FH437, Fixed Head Disk 8405, Magnetplatte 8470/8450/8433, Magnetband U30/34.

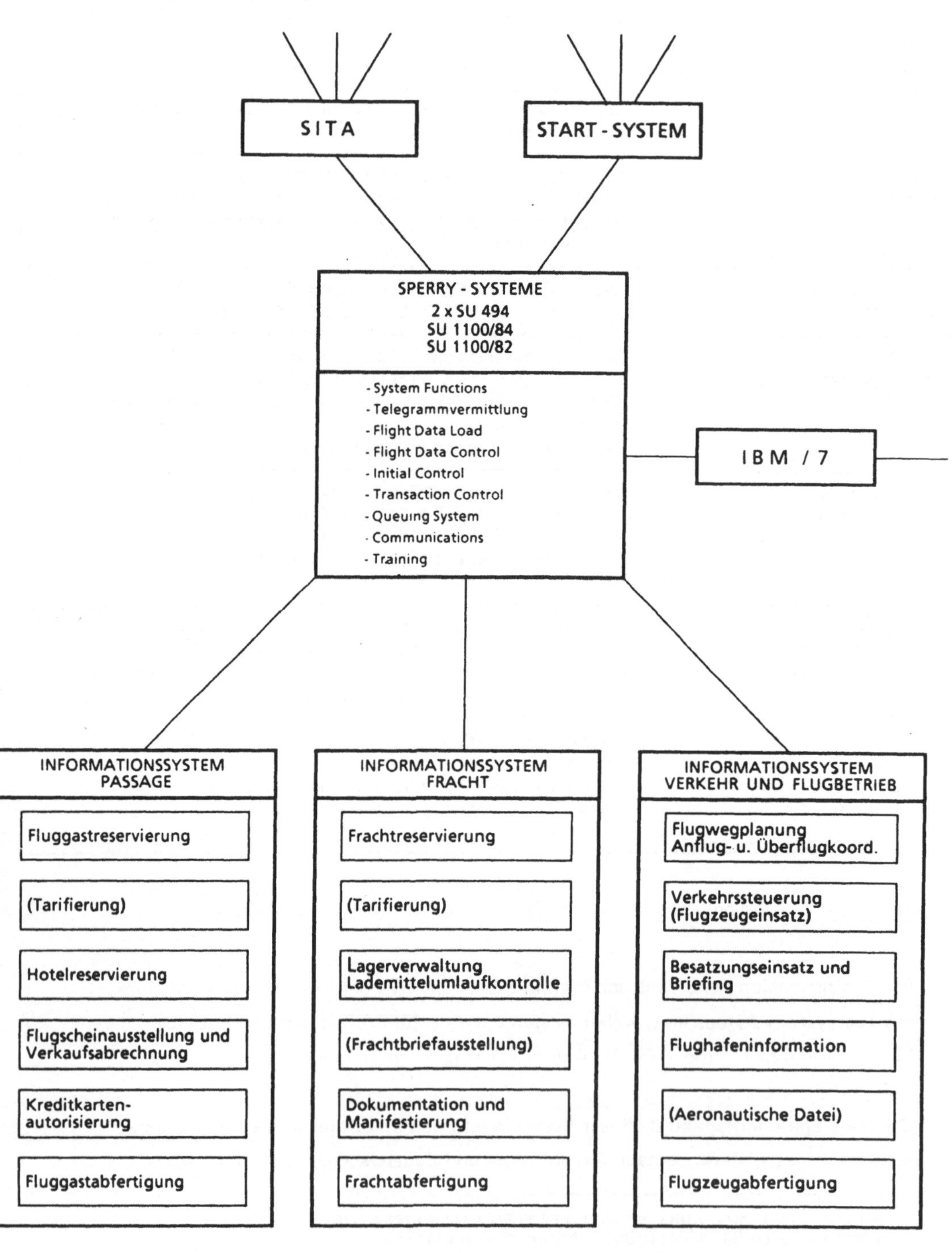

SITA
START - SYSTEM
SPERRY - SYSTEME
2 x SU 494
SU 1100/84
SU 1100/82
- System Functions
- Telegrammvermittlung
- Flight Data Load
- Flight Data Control
- Initial Control
- Transaction Control
- Queuing System
- Communications
- Training
IBM / 7
INFORMATIONSSYSTEM PASSAGE
Fluggastreservierung
(Tarifierung)
Hotelreservierung
Flugscheinausstellung und Verkaufsabrechnung
Kreditkarten-autorisierung
Fluggastabfertigung
INFORMATIONSSYSTEM FRACHT
Frachtreservierung
(Tarifierung)
Lagerverwaltung Lademittelumlaufkontrolle
(Frachtbriefausstellung)
Dokumentation und Manifestierung
Frachtabfertigung
INFORMATIONSSYSTEM VERKEHR UND FLUGBETRIEB
Flugwegplanung Anflug- u. Überflugkoord.
Verkehrssteuerung (Flugzeugeinsatz)
Besatzungseinsatz und Briefing
Flughafeninformation
(Aeronautische Datei)
Flugzeugabfertigung

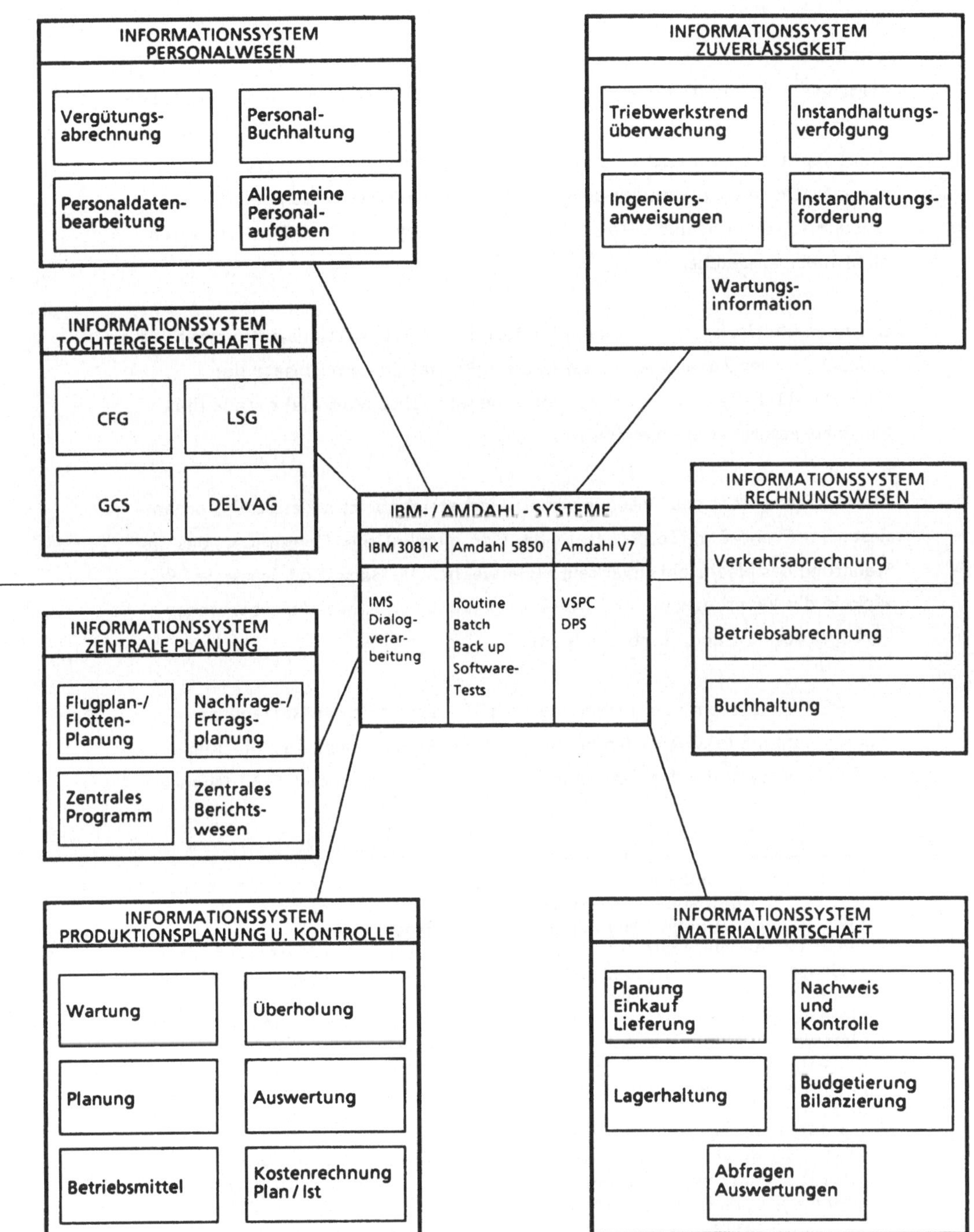

Abb. 5: Überblick über das Lufthansa-Datenverarbeitungssystem

- (S. 44) Datenverarbeitungsbetrieb 1 (SPERRY)
- (S. 45) Datenverarbeitungsbetrieb 2 (IBM/AMDAHL)

bestände auf Einheiten gestaffelter Geschwindigkeitsmerkmale geordnet. Die
Daten sind darüber hinaus horizontal über viele Einheiten verteilt, um die
Zugriffspfade zu vervielfältigen und so die Zugriffszeiten zu reduzieren.
Diese Methode ist allgemein dort üblich, wo die traditionelle Speicherung
"sequential-by-module" [64] zur Realisierung entsprechender Zugriffszeiten
nicht mehr ausreicht.

Der hohe Multiprogrammingbedarf aufgrund des Transaktionsaufkommens
gepaart mit der Zuverlässigkeitsforderung[65] hat zu dem Einsatz der
SPERRY-1100-Systeme geführt, deren wesentliches Merkmal gerade die
Multiprozessoren-Fähigkeit[66] ist.

Das Gesamtsystem des Datenverarbeitungsbetriebs 1 ist arbeitsteilig organi-
siert: Der Front-End-Teil[67] stellt das Kommunikations-System dar, das die
Steuerung des Nachrichtenverkehrs überwacht. Die Back-End-Systeme [68]
wickeln die Verarbeitung der Transaktionen aus den Anwendungsbereichen
Verkauf, Verkehr und Flugbetrieb ab.

Am SPERRY-System sind ferner die START-Terminals der Reisebüros
angeschlossen. Die START GmbH betreibt ein Rechnernetz, das die Auskunfts-
und Buchungssysteme der Deutschen Bundesbahn, der Deutschen Lufthansa AG

---

[64] Sequential-by-module: ein zusammenhängender Datenbestand wird modulweise, z.B. ein Magnetplattenspeicher-Laufwerk, gespeichert.
SIWIEC, J.E.: A High-Performance DB/DC System, a.a.O.
[65] SPERRY realisiert auf der Hardware-Ebene eine FTS-Konzeption (siehe
Fußnote 8). So werden u.a. Instruktionsausführungen parallel ausgeführt
und auf übereinstimmende Ergebnisse überprüft. Vgl. Vortrag SEDMAK, R.S.:
Hardware Fault Tolerance. USE Conference, Fall 1979. Siehe außerdem:
Hardware System Description, Sperry Univac Doc. UP-8744, S. 17ff.
[66] BORGERSON, B.R. et al.: The Evolution of the Sperry Univac 1100 Serie:
A History, Analysis and Projection, Comm. ACM 21, 1 (Jan. 1978),
S. 25 - 43.
[67] CANADY, et. al. beleuchten die Vorteile solcher Konfigurationen, wobei
das Schwergewicht auf Back-End-Systemen liegt. Es ist ein Verweis auf
Literatur zum Front-End enthalten. Auch MARYANSKI diskutiert die
Grundlagen des Back-End Konzeptes ausführlich. Vgl. CANADY, et.al.: A
Back-End-Computer ..., a.a.O. und außerdem MARYANSKI, F.S.: Backend
Database Systems ..., a.a.O.
[68] Siehe SIWIEC, J.E.: A High-Performance DB/DC System, a.a.O.

und der Touristik Union International GmbH (TUI) nebst weiteren Zusatz-
funktionen miteinander verbindet[69].

Das bestehende Systemkonzept mit seiner funktionalen Zuordnung zwischen
den sog. Front-End- und Back-End-Systemen sowie zwischen Produktions-
und Entwicklungs-/Testsystemen und mit seiner anwendungsbezogenen Zuordnung zu den Passage-, Fracht- und Netzsystemen wird als entwicklungsfähig
angesehen und kann für die nächsten Jahre grundsätzlich beibehalten und in
seinen Einzelkomponenten ausgebaut werden.

Der Datenverarbeitungsbetrieb 2 ist mit einem IBM 3081 K- und einem
AMDAHL 470/V7/A- und einem AMDAHL 5850-System ausgestattet. Diese
Anlagen verarbeiten Daten aus den in Köln, Hamburg und Frankfurt ansässigen
Bereichen der Verwaltung und Technik sowie einiger Tochtergesellschaften
und verfügen über leistungsfähige Datenübertragungseinrichtungen zu den
Standorten dieser Bereiche.

Standardmäßig bearbeitet die IBM CPU den IMS [70] Online-Datenbankbetrieb.
Das AMDAHL-5850-System hat die Backup-Funktion. Die Mengenverarbeitung
braucht eine hohe Kapazität an Magnetplatten- und Massenspeichern. Die
Datenverteilung erfolgt hierbei überwiegend in der traditionellen Modulweise.
Auch hier ist eine Hierachie der Speichermedien [71] nach Alterungskriterien
und Zugriffshäufigkeit gegeben. Der Hersteller IBM offeriert dazu spezielle
Software als Standardpaket[72], deren Einsatz bei der Deutschen Lufthansa
AG derzeit untersucht wird.

Generell ist der Datenverarbeitungsbetrieb 2 sehr stark durch Hersteller-
standards geprägt. Dadurch werden Begriffe wie Kompatibilität, PCM (Plug-
Compatible Manufacturer) und Systemarchitektur [73] für die Systemplanung

---

[69] Zu START s. im einzelnen Fußnote 18. Außerdem ist die Deutsche Lufthansa AG - wie bereits erwähnt - an das SITA-Netz angeschlossen. Die
Deutsche Bundesbahn ist mit dem IRIS-Netz der europäischen Bahngesell-
schaften verbunden. Die Touristik Union International GmbH (TUI) betreibt
ein bundesweites Netz. Siehe auch FLEISCHMANN, F.: Grundlagen des
flächendeckenden DV-Großprojekts "START", a.a.O.
[70] IMS: Information Management System (IBM).
[71] High Speed Buffer, Hauptspeicher, Solid State Disk STC 4305, Magnetplatten-
speicher IBM 3350, Massenspeicher IBM 3850, Magnetband STC 3470/3670.
[72] HSM: Hierarchical Storage Manager (IBM).
[73] CASE, P.R.; PADEGS, A.: Architecture of the IBM System /370,
Comm. ACM 21, 1 (Jan. 1978), S. 73 - 96.

Zentraleinheiten ist ein Beispiel für die gelungene Abstimmung unterschiedlicher Schnittstellenanforderungen[74].

Die Datenübertragung im IMS-Online-Netz erfolgt direkt oder über Konzentratoren. Derzeit sind in diesem Netz rund 500 Terminals installiert.

Die Verbindung zwischen SPERRY- und IBM-Systemen ist über ein System IBM/7 hergestellt; über diese Verbindungsrechner können die beiden Teilsysteme miteinander kommunizieren. Die erforderliche Software zur Verknüpfung der Schnittstellen ist für die speziellen DV-Belange bei der Deutschen Lufthansa AG entwickelt worden.

Neben den beiden (zentralen) Datenverarbeitungsbetrieben werden in neuerer Zeit zunehmend dezentrale DV-Einrichtungen in der Unternehmung installiert. Anfang 1984 sind rund 90 dezentrale Einheiten bei der Deutschen Lufthansa AG im Einsatz; es sind dies ca. 20 VSPC-Arbeitsplätze, ca. 40 Personal Computers und ca. 30 meist mehrplatzfähige, der nächsthöheren Leistungsklasse angehörenden Rechner (Minis).

Die Entscheidung, ob eine bestimmte DV-Applikation zentral oder dezentral realisiert werden soll, sowie ggf. die Auswahl der dezentralen Systeme - orientiert an einigen wenigen unternehmungsintern standardisierten Produkten - erfolgt anhand von Kriterien, die die jeweils zu lösende Aufgabe spezifizieren. Falls es um die Transaktions-Verarbeitung - mit möglichst kurzen Responsezeiten und hohem Aufkommen - geht, ist i.d.R. der Einsatz zentraler (Groß-)Rechner angezeigt, während sich z.B. für Adhoc-Auswertungen im Rahmen weniger gut strukturierter Problemstellungen zu Planungs- und Steuerungszwecken die Verwendung von dezentralen (Klein-) Rechnern als zweckmäßig/wirtschaftlich erweist.

In einer sich ständig verändernden, auch zudem konkurrenzierten Unter nehmungsumwelt sind Entscheidungen schnell und sicher zu treffen. Diese Anforderung

---

74) Im einzelnen gilt bei dem IBM/AMDAHL-System grob folgende Aufgabenteilung

-System 1: Online-Dialogverarbeitung mit IMS (IBM 3081).
-System 2: Dialogprogrammierung, Timesharing-Verarbeitung (Amdahl 470 V 7/A).
-System 3: Backup für System 1 und 2, Batch Produktion, Test für innovative Vorhaben (Amdahl 5850).

Vgl. auch Abb. 5.

bedarf zunehmend der DV-Unterstützung. Zu der bisherigen 'Produktionskon-
kurrenz', die i.w. auf eine Automatisierung der operationellen Bereiche abstellt,
tritt neuerdings die sog. 'Reaktionskonkurrenz' hinzu: flexible Planungs- und
Steuerungsunterstützung mit Hilfe dezentraler DV-Systeme werden immer
mehr zu einem Faktor, der einen möglichen Wettbewerbsvorteil ausmachen
kann.

Die Weiterentwicklung im dezentralen DV-Sektor ist bei den Luftverkehrsgesellschaften z.Zt. rasant. Gemäß einer aktuellen IATA-Umfrage[75] ist für
den Zeitraum von 1984-1986 beim Einsatz von Personal Computer mit einer
Zunahme von rd. 500 % zu rechnen. Es ist wichtig, daß sich diese Entwicklung
in geordneten Bahnen - nicht mit Abstrichen an der Produktqualität und nicht
mit Beeinträchtigungen der Arbeitssituationen - vollzieht.

Unter der Voraussetzung einer Renovierung der heutigen IBM-Peripherie, die
den weitgehenden Ersatz nicht-intelligenter Terminals durch PCs zum Ziel
hätte, würden sich bei der Deutschen Lufthansa AG die Anzahl der PCs auf
rd. 300 Installationen eines 'konfektionierten Systems' erhöhen. Gegenüber
der prognostizierten PC-Entwicklung wird bezüglich der VSPC-Systeme mit
einer baldigen Sättigung gerechnet, da die planenden und steuernden Organi-
sationseinheiten - soweit es rentabel erscheint - bereits entsprechend ausgestattet sind. Dies kann sich dann ändern, wenn sich neue Anwendungsfelder
auftun, z.B. durch die Einführung der DML: Data Manipulation Language/IBM,
die voraussichtlich eine Ablösung des Timesharing-Trägers VSPC erwirken
wird. - Im Bereich der Mini-Rechner wird in den nächsten Jahren von ca. 4
zusätzlichen Projekten p.a. ausgegangen.

Obwohl meist die 'größeren' Kleinrechner (in Grenzen) aufwärts-kompatibel
sind, ist nach heutigen Erkenntnissen kaum anzunehmen, daß sukzessive die
gesamte Palette vom Allround-Groß-Rechner bis zum unintelligenten Terminal
ausgefüllt werden wird. Es dürfte vielmehr auf mittlere Sicht zu einer Agglome-
ration der DV-Ressourcen zum einen bei den (zentralen) Groß-Rechnern und
zum anderen bei den dezentralen Klein-/Kleinst-Rechnern (intelligente Terminals, PCs) kommen. Die Deutsche Lufthansa AG wird diesen Trend in ihrer
DV-Entwicklung (zunächst im DV-Rahmenplan) berücksichtigen.

---

[75] IATA-Umfrage bezgl. Entwicklung dezentraler DV-Systeme bei Luftverkehrsgesellschaften für die Jahre 1984-1986. IATA/DPSC: Microcomputing within the Airline Industry. Results of the January, 1984 industry
survey.

Die nachstehende Tabelle 9 gibt die historische Entwicklung des Datenüber-
tragungsnetzes und der peripheren Systeme bei der Deutschen Lufthansa AG
wieder.

JAHR	EREIGNIS	LEISTUNG / KAPAZITÄT	
		Anzahl Endgeräte	Geschwindigkeit
vor 1961	Kommunikationseinrichtungen werden vor 1961 ausschließlich für Telex/Fernschreibbetrieb genutzt, also nicht für Datenverarbeitungszwecke im hier angesprochenen Sinn.		
1961	Inbetriebnahme der SIEMENS Fernschreibspeicher-vermittlung in Frankfurt. Damit ist die Zentralisierung des Lufthansa Fernschreibverkehrs auf Frankfurt über eigene (d.h. von der Bundespost angemietete) Standleitungen vollzogen. Die eingehenden Fernschreiben werden auf Lochstreifen aufgezeichnet, die dann - anstelle der bisherigen manuellen Vermittlung - halbautomatisch von einer speziellen Anlage vermittelt werden. (Dies ist eine Art Vorläufer der späteren elektronischen Vermittlung.)		50 Bps
1967	Das SIEMENS Duplex-System 3003 geht mit der Reservierung in den Routine-Betrieb. Das daran angeschlossene Datenübertragungsnetz (siehe Abb. 6) verbindet die Einrichtungen in den Verkaufsstellen mit der Verarbeitungszentrale in Frankfurt. Dieses Netz besteht aus Fernschreib-Standleitungen, die im Halbduplexbetrieb mit einer Geschwindigkeit von 75 Baud (10 Zeichen/Sekunde) arbeiten. Zu diesem Zeitpunkt sind zunächst nur innerdeutsch 258 Buchungsplätze über 60 (von der Post angemietete) Fernleitungen angeschlossen. (Tabelle 10 und Abb. 7) Neben diesen Leitungen sind an die Zentrale noch zwei Leitungen zu der Speichervermittlung mit der Ausgabe von Buchungstelegrammen für andere Fluggesellschaften angeschlossen. Weitere zwei Leitungen gehen zur Zentralreservierung (Kontrollbüro). Ein Buchungsplatz ist das Ein/Ausgabegerät für alle Buchungsvorgänge. Der auf einer Tischplatte montierte Bedienungsteil besteht aus der Fernschreibtastatur, den Funktionstasten (Datum, Klasse/Zahl der Sitze, Route, Flugnummer, Namensinformation), dem Leuchtzeichenfeld und Flugplandatenadapter. (Zitat 76)	258	75 Bps

Tabelle 9: Entwicklung des Datenverarbeitungs-Netzes und der
peripheren Systeme der Deutschen Lufthansa AG

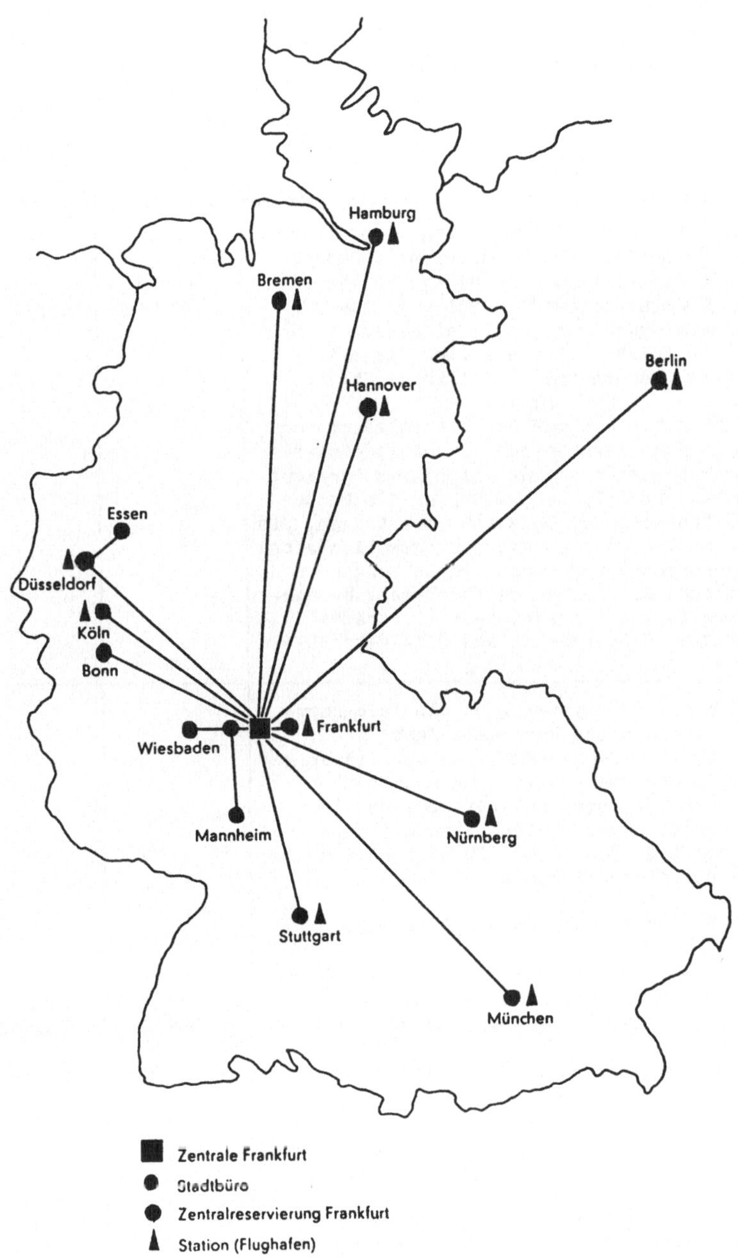

Abb. 6: Das Lufthansa Buchungsnetz 1967

(entnommen aus: Siemens AG (Hrsg.): Elektronisches Platzbuchungssystem bei der Deutschen Lufthansa,
1968, S. 22).

JAHR	EREIGNIS	LEISTUNG / KAPAZITÄT	
		Anzahl Endgeräte	Geschwindigkeit
1968	Lufthansa trifft die Entscheidung über die zukünftige Verwendung von Bildschirmen. Danach werden für die Platzbuchung neben den bisherigen 320 konventionellen Buchungssets 223 Bildschirmgeräte bis 1973 eingesetzt. Für andere Bedürfnisse, hauptsächlich Passagierabfertigung, werden 469 Bildschirmgeräte benötigt. Offen ist noch die Frage der Einbeziehung von Agenten in das elektronische Buchungsnetz; sie wird wegen ihrer Bedeutung allerdings forciert untersucht. Die SITA hat, auch für die Bundesrepublik Deutschland, Gedanken vorgetragen, die darauf abzielen, den Luftverkehrsgesellschaften je nach Größenordnung neben dem Leitungsnetz elektronische Einrichtungen für Reservierungs- und andere Aufgaben anzubieten. (Lufthansa schließt die DV-Systeme an das SITA-Netz 1971 an.)	320	
1971	Auf dem UNIVAC 494 System geht die Telegrammvermittlung als erste Realzeitaufgabe in Routine. Damit wird die Funktion der bisherigen Fernschreib-Speichervermittlung abgelöst. Die Übertragungsgeschwindigkeit auf den (von der Bundespost angemieteten) Standleitungen beträgt jetzt 4800 Bps, d.h. 600 Zeichen/Sekunde (bisher: 10 Zeichen/Sekunde). Anschluß der DV-Systeme an das SITA-Netz. Mit der Inbetriebnahme des Systems IBM 360-65 MP erfolgt der Anschluß von Hamburg über zwei Standleitungen zu je 9.600 Bps mit DPI Werkstatterminals.	55	4.800 Bps 9.600 Bps
1972	Die Aufgabe Fluggastbuchung geht auf dem System UNIVAC 494 in Routine. Darin enthalten ist der AIRIMP-Teil für Buchungen, die über Fernschreiber kommen oder an andere Fluggesellschaften gehen. (Zitat 77) Damit verbunden ist die Integration der bis dato zwei getrennten Fernschreibnetze, dem der Reservierung und dem der Nachrichtenvermittlung, zu einem Netz.	880	4.800 Bps

Tabelle 9 (Fortsetzung): Entwicklung des DV-Netzes und der peripheren Systeme

Stadt (Kurzzeichen)	Ort		Buchungsplätze			Summe	75 Baud Fernleitungen am Reduktor	Bemerkung
			Primär Steh	Primär Sitz	Sekunder Sitz			
BERLIN (BER)	Stadtbüro	Passage	2					
		Reservierung		5	4	11	2	
	Station							
BONN (BNJ)	Stadtbüro	Passage		2	2	14	3	
		Reservierung		6	4			
BREMEN (BRE)	Stadtbüro	Passage	1					
		Reservierung		5	5	13	3	
	Station		1	1				
DÜSSELDORF (DUS)	Stadtbüro	Passage	3					
		Reservierung		10	9	23	5	
	Station			1				
ESSEN (ESS)	Stadtbüro	Passage						2 Leitungen zum Reduktor Düsseldorf
		Reservierung		2	2	4		
FRANKFURT (FRA)	Stadtbüro	Passage	4	2	1			
		Reservierung		12	12	35	5	
	Station		2	1	1			
	Zentralreservierung			21	11	32	14	werden nicht über einen Reduktor, sondern direkt von der Zentrale zu den Fernschreibern geführt
	Controlsets							
	Controlsets nur Ausgabe		2 Fernschreiber				2	
	Speichervermittlung		2 Fernschreiber				2	
HAMBURG (HAM)	Stadtbüro	Passage	3	1	1			
		Reservierung		11	11	31	5	
	Station		3	1				
HANNOVER (HAJ)	Stadtbüro	Passage	1					
		Reservierung		4	4	11	3	
	Station		1	1				
KÖLN (CGN)	Stadtbüro	Passage	2					
		Reservierung		7	7	18	4	
	Station		1	1				
MANNHEIM (MHG)	Stadtbüro	Passage						2 Leitungen über Reduktor Frankfurt
		Reservierung		2	1	3		
MÜNCHEN (MUC)	Stadtbüro	Passage	5					
		Reservierung		11	9	28	5	
	Station		2	1				
NÜRNBERG (NUE)	Stadtbüro	Passage	2					
		Reservierung		4	4	12	3	
	Station		1	1				
STUTTGART (STR)	Stadtbüro	Passage	2					
		Reservierung		8	8	21	4	
	Station		2	1				
WIESBADEN (UWE)	Stadtbüro	Passage						2 Leitungen über Reduktor Frankfurt
		Reservierung		1	1	2		
Summen			38	123	97	258	60	

<u>Tabelle 10:</u> Ausrüstung des Lufthansa-Datenübertragungsnetzes und der Endstellen (Stand Ende 1967) [+]

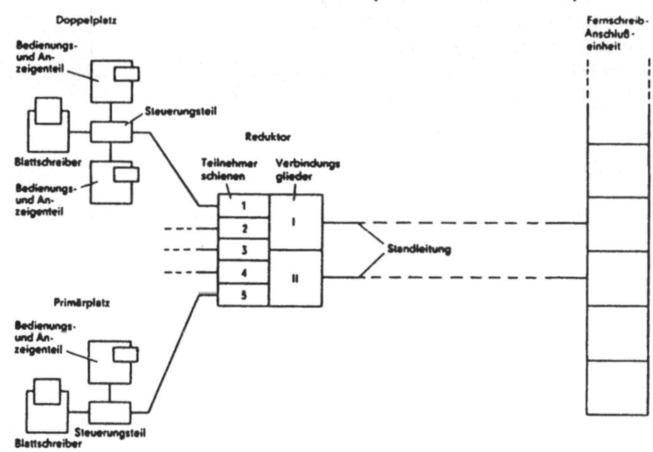

<u>Abb. 7:</u> Verbindung von Buchungsplätzen mit der Zentrale [+]

[+] (entnommen aus: Siemens AG (Hrsg.): Elektronisches Platzbuchungssystem bei der Deutschen Lufthansa, 1968, S. 19 bzw. S. 21).

JAHR	EREIGNIS	LEISTUNG / KAPAZITÄT	
		Anzahl Endgeräte	Geschwindigkeit
1975	Mit dem Ausbau des UNIVAC 494 Systems zum Dual-Prozessor-System wächst das Lufthansa Daten-übertragungsnetz in der Bundesrepublik Deutschland und weltweit (Abb. 8.1 und 8.2, vgl. Zitat 77).	1.731	4.800 Bps
1977	Einführung der 102 MIT-Endgeräte (MIT: Multi-Input Terminals, d.h. Lochkarten-, Tastatur-, Ausweisleser-Eingabe) als weiterer Ausbau der Terminals im Bereich Technik in Hamburg. Das Datennetz zum IBM-System in Frankfurt besteht jetzt aus vier Standleitungen.	2.369	9.600 Bps
1978	Anschluß einer NCR Century 101 in der Hauptverwaltung in Köln an das IBM-Datennetz über zwei Standleitungen zu je 9.600 Bps. Mit der Verlagerung des DV-Betriebes 2 von Frankfurt nach Kelsterbach wird auf dieser Strecke eine Breitbandleitung mit 48 KBps in Betrieb genommen.	2.626	48 KBps
1979	Anschluß an das START System im Routinebetrieb.	2.948	
1981	Die LIFTNET Studie über ein zukünftiges integrierendes Informations-Transport-Netz bei Lufthansa wird vorgelegt. Damit beginnt der Prozeß der stufenweisen Realisierung.	3.487	
1983	Die Breitbandleitung zwischen Frankfurt und Kelsterbach wird auf 64 KBps erweitert. Abb. 9.1 und 9.2 geben die aktuellen Daten-übertragungs-Struktur der beiden DV-Betriebe 1 und 2 wieder.	4.244	64 KBps

Tabelle 9 (Fortsetzung): Entwicklung des DV-Netzes und der peripheren Systeme

---

76) "Elektronisches Platzbuchungssystem bei der Deutschen Lufthansa", SIEMENS AG (Hrsg.), 1968.

77) BECHER, G.: Das Realzeitsystem der Deutschen Lufthansa, Datascope, Heft 18 (1975).

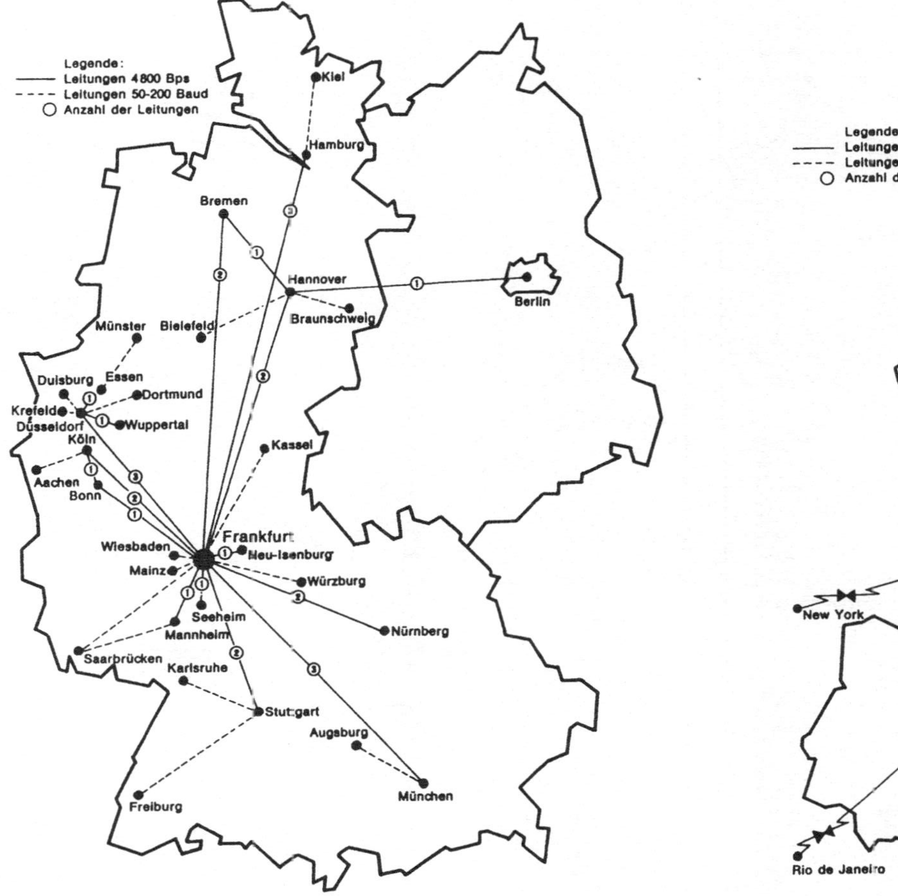

Abb. 8.1: Das Lufthansa-Datenübertragungsnetz am
Realtimesystem UNIVAC 494 - Bundesrepublik
Deutschland und Berlin

Abb. 8.2: Das Lufthansa-Datenübertragungsnetz am
Realtimesystem UNIVAC 494 - weltweit

(entnommen aus: BECHER, G.: Das Realtimesystem der Deutschen Lufthansa, Datascope, 18 (1975)).

Innerdeutsches LH-Datennetz UNIVAC-System

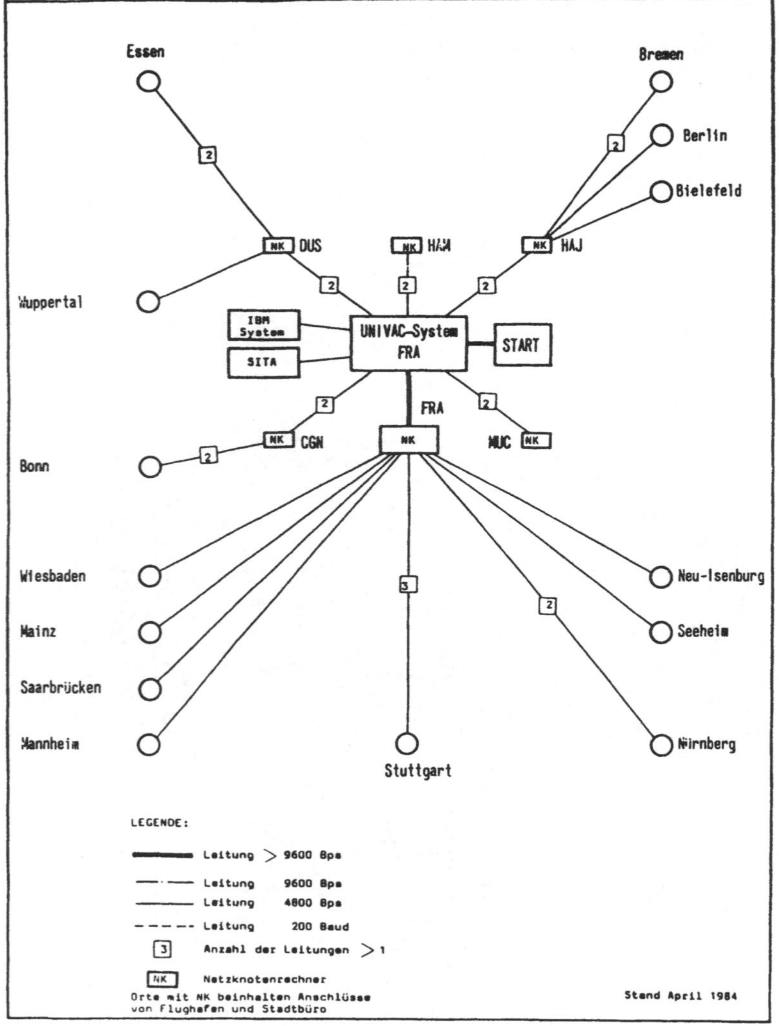

Außerdeutsches LH-Datennetz UNIVAC-System

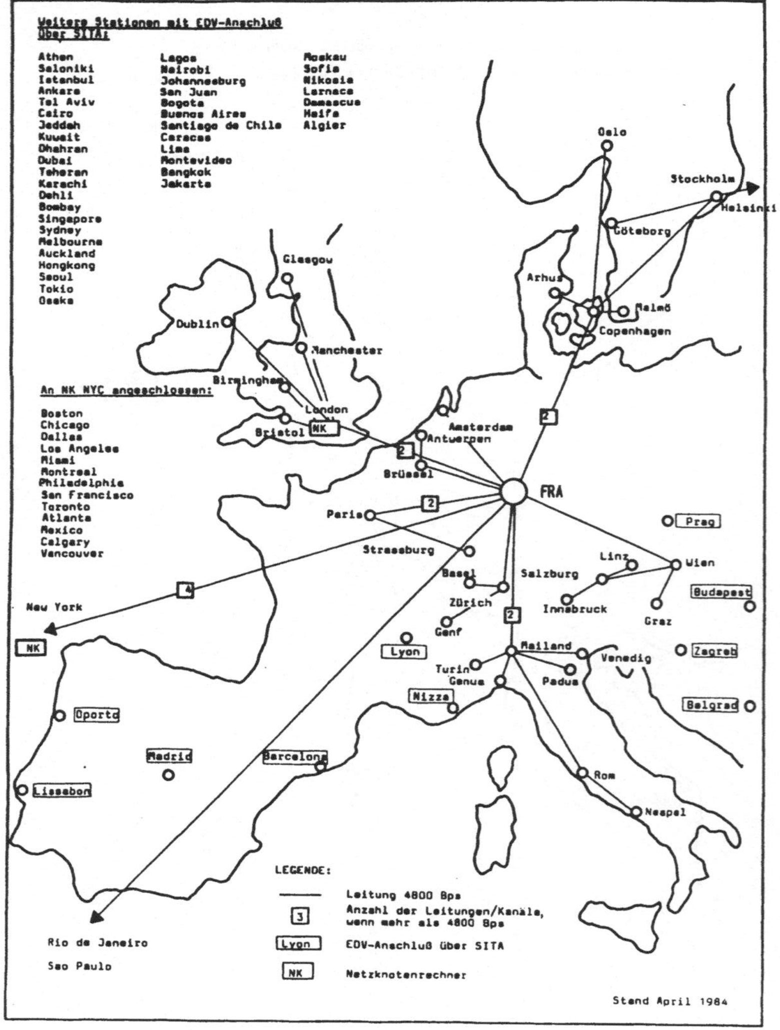

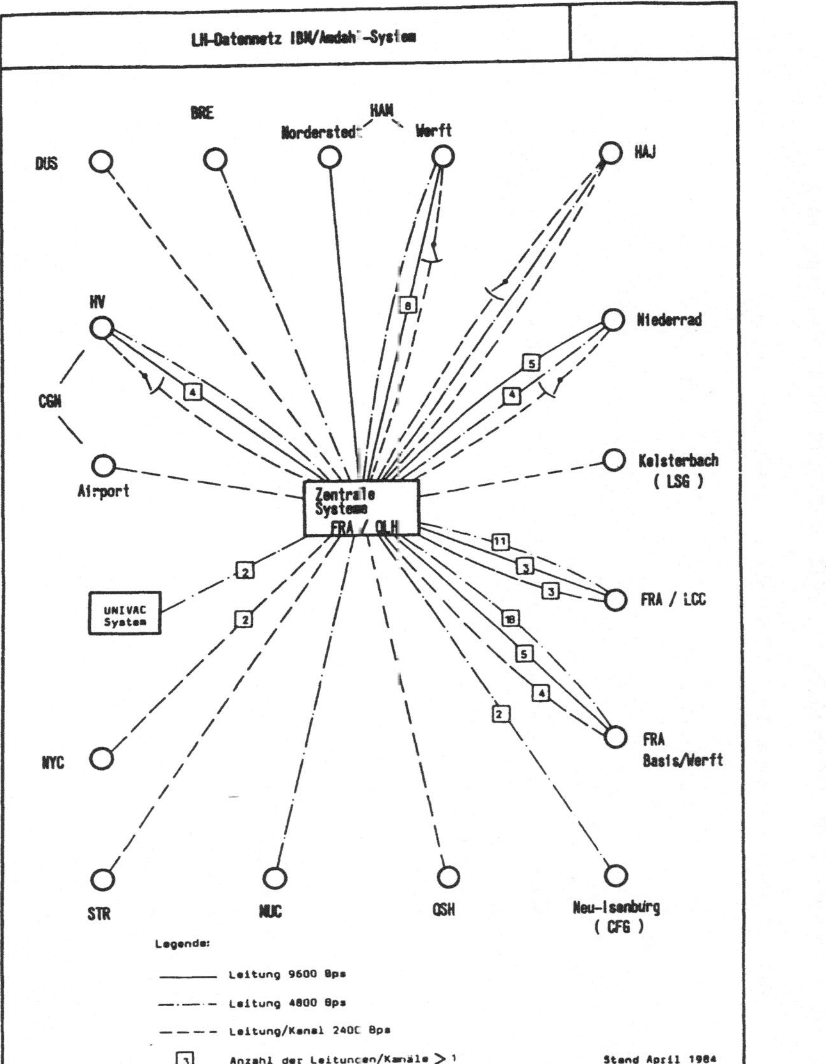

(Zu Seite 56)

Abb. 9.1: Das Datenübertragungsnetz des Datenverarbeitungs-
betriebes 1 (SPERRY) – Stand Anfang 1984

(s. links daneben)

Abb. 9.2: Das Datenübertragungsnetz des Datenverarbeitungs-
betriebes 2 (IBM/AMDAHL) – Stand Anfang 1984

3-Letter-Codes (zu Abb. 9.2)

BRE	Bremen	MUC	München
CGN	Köln/Bonn	NYC	New York
DUS	Düsseldorf	QLH	Kelsterbach
FRA	Frankfurt	QSH	Seeheim
HAJ	Hannover	STR	Stuttgart
HAM	Hamburg		

Legende (zu Abb. 9.2)

CFG	Condor Flugdienst GmbH
HV	Hauptverwaltung Köln
LCC	Lufthansa Cargo Center FRA
LSG	Lufthansa Service GmbH

Abb. 10 stellt die Anzahl der im Zeitablauf jeweils bei der Deutschen Lufthansa AG installierten Endgeräte dar und veranschaulicht damit die Rate der
Automatisierung in der Unternehmung.

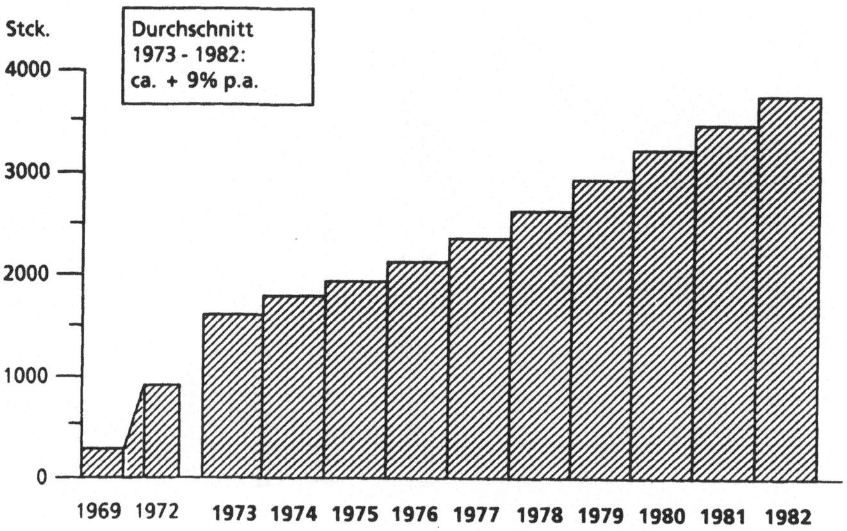

<u>Abb. 10:</u> Installierte Endgeräte bei der Deutschen Lufthansa AG

Bei der Deutschen Lufthansa AG sind derzeit[78] folgende Terminals angeschlossen:

3020   Bildschirmgeräte und Display-Stationen
      davon in der Außenorganisation ca. 2.400 in 122 Städten der Welt
765   Drucker
90   Ticket-Drucker
45   Bordkarten-Drucker
370   Fernschreibanschlüsse

Die Deutsche Lufthansa AG ist mit 186 Bildschirm- und 733 Fernschreib-
Geräten am SITA-Netz angeschlossen.

---

[78] Stand Februar 1984.

Die Entwicklung im Endgeräte-Sektor ist selbstverständlich auch technologischen
Neuorientierungen unterworfen. Die Deutsche Lufthansa AG hat beispielsweise
die an der Fernschreibtechnik ausgerichteten Buchungsplätze 1969 durch
Bildschirmgeräte (CRT) ersetzt. Einfache 'schwarzweiß'-Bildschirme wie
IBM 2260 werden sukzessive durch SNA[79]-fähige Geräte IBM 3278 und
weiter durch Farbterminals IBM 3279 ersetzt. Der nächste Schritt zu PCs als
isoliert betriebene intelligente Systeme oder auch als im Netzwerkverbund
eingesetzte Terminals ist teilweise bereits in der Realisierung begriffen.

Im Bereich der DV-Peripherie realisiert sich die Mensch-Maschine-Schnitt-
stelle. Deshalb ist die Endgeräte-Ergonomie ein Thema mit besonderer Bedeutung. Die Deutsche Lufthansa AG hat im Jahre 1983 den Austausch von weltweit ca. 2000 Bildschirmgeräten gegen moderne, ergonomisch optimierte
Geräte vom Typ Siemens MTS 2000 zügig vorangetrieben; bereits Ende 1983
war etwa die Hälfte der Geräte, vornehmlich in der Bundesrepublik Deutschland, ersetzt.

Die Vereinheitlichung von DV-Endgeräten in von mehreren Luftverkehrsgesellschaften gemeinschaftlich genutzten Abfertigungseinrichtungen ist Gegenstand
des Projektes CUTE (Common Use Terminal Equipment), das auf Initiative
und unter Federführung der Deutschen Lufthansa AG seit 1981 vorbereitet
wurde. Die Realisierung von CUTE wird zu einer erheblich besseren Flexibilität
und Kapazitätsnutzung im Bereich der Fluggastabfertigung führen. Für den
Flughafen Frankfurt (Pilotprojekt) und das neue internationale Terminal in
Los Angeles bestehen bereits vertragliche Vereinbarungen über die Realisierung
in Zusammenarbeit mit SITA[80]. Weitere 10 bis 15 CUTE-Projekte sind für
andere Flughäfen in der Planung.

---

[79] SNA: System Network Architecture (IBM).
[80] Vgl. SITA: Annual Report 1982, S. 2.

3. **Das Spektrum der mittels Datenverarbeitung bearbeiteten Aufgaben in einer Luftverkehrsgesellschaft** (Anwendungsaspekt)

Das Spektrum der Datenverarbeitungsaufgaben in einer Luftverkehrsgesellschaft ist - ebenso wie die voranstehend beschriebenen Systemkomponenten - von den spezifischen Funktionen dieser Dienstleistungsunternehmungen bestimmt. Dabei ist der Grad der Detaillierung, welche Funktion in welchem Umfang automatisiert wird, von Unternehmung zu Unternehmung unterschiedlich und steht zumeist in Abhängigkeit zur Größe der Unternehmung. Mit der Vielfalt und dem Umfang des Dienstleistungsangebots wächst die Informationsmenge und der Aufwand für deren Bearbeitung, so daß in der Konsequenz eine weitere Automatisierung zur Einhaltung eines definierten Leistungsstandards[81] erforderlich wird. Aus dieser quantitativen und qualitativen Wachstumstendenz resultiert die permanente Aufgabenstellung, das Datenverarbeitungssystem einer Luftverkehrsgesellschaft fortwährend rationell weiterzuentwickeln.

Wesentliche Impulse gehen dabei von dem - gelegentlich auch von der Konkurrenzsituation oktroyierten - Ziel einer Steigerung des Serviceangebots für den Kunden aus. Beispielhaft ist hier die DV-Unterstützung der Funktion "Passage/Fracht" mit Sitzplatzreservierung, Tarifberechnung für den Flugscheinverkauf, Frachtbuchung, Frachtabfertigung, Hotel- und Mietwagen-Buchung zu nennen. Diese z.T. äußerst komplexen Einzelaufgaben involvieren eine Vielzahl Luftverkehrs-Spezifika, denen seitens der Datenverarbeitung Rechnung zu tragen ist.

Das besondere Sicherheitsbedürfnis im Flugbetrieb hat den Gesetzgeber veranlaßt, strenge Auflagen zu definieren. Diese Vorgaben bedingen vorrangig im technischen Bereich der Flugzeugwartung und -kontrolle luftverkehrsspezifische Sonderaufgaben auch für die Datenverarbeitung einer Luftverkehrsunternehmung.

Der Energiekostenanstieg, insbesondere in der Treibstoffversorgung, zwingt gerade die Luftverkehrsunternehmen, Optimierungs- und Rationalisierungsmaßnahmen im Treibstoffeinkauf, in der Flugwegplanung, in der Betankungsplanung und der Flugzeugbeladung zu berücksichtigen. In diesem Zusammenhang

---

[81] Im wesentlichen betrifft dies die Einhaltung der Antwortzeiten bei wachsender Transaktionsmenge (vgl. Fußnote 23).

spielen auch die aktuellen Wetterkonditionen entlang einer geplanten (oder
ggf. alternativen Flugrouten) eine wesentliche Rolle, zu denen das Cockpit-
personal bis zu den letzten Flugvorbereitungen Unterlagen erhalten muß. Dies
unterstreicht erneut den luftverkehrsspezifischen Aspekt der extrem zeitnahen
Datenverarbeitungsaufgaben.

Schließlich ergibt sich im Rechnungswesen der spezielle Luftverkehrs-Komplex
einer Inter-Airline-Flugscheinabrechnung (über eine Clearing-Stelle: IATA-
Clearing-House)[82], da internationale Abkommen im Rahmen der IATA und
die Bildung von Pools[83] auf ausgewählten Strecken es dem Fluggast erlauben,
bei Routen mit Unterabschnitten verschiedene Luftverkehrsgesellschaften
mit demselben Flugdokument zu benutzen.

Eine zentrale, weil die Einzelfunktionen einer Luftverkehrsgesellschaft ordnen-
de Rolle kommt dem Flugplan zu, der in mehreren Planungs- und Aktualitätsstu-
fen rollierend entwickelt wird. Die Teilfunktion "Flugplan" trägt eine globale
Komponente in sich, da es für eine international operierende Luftverkehrsgesellschaft unverzichtbar ist, ihre individuell erstellten Flugpläne mit anderen
Luftverkehrsgesellschaften zumindest bezüglich wichtiger Eckdaten abzustimmen [84]. SMITH [85] unterstreicht die Bedeutung des Flugplans und der Koordi-
nationsaktivitäten. Ein Flugplankoordinator[86] sorgt für die Inter-Airline
Abstimmung individueller Pläne am gleichen Flughafen.

---

[82] IATA-Clearing-House: Anstalt zum Ausgleich von Schulden und Forderungen
ihrer Mitglieder durch gegenseitige Aufrechnung. Im internationalen Linien-
luftverkehr wurde hierfür 1947 das IATA-Clearing House (Sitz London)
geschaffen. In den USA besteht das Airlines Clearing House. Über beide
Clearing-Häuser rechnen monatlich sowohl IATA- als auch Nicht-IATA-Mit-
glieder ab.

[83] Pool: Poolabkommen sind im Luftverkehr Vereinbarungen zwischen zwei
oder mehreren Luftverkehrsgesellschaften über den gemeinsamen Betrieb
des Flugverkehrs auf einer Strecke oder in bestimmten Gebieten und über
die Teilung der Einnahmen und/oder Ausgaben für dessen Betriebsführung
sowie die Aufteilung des Verkehrs nach festgelegten Schlüsselwerten.

[84] Innerhalb der IATA gibt es ein Flugplangremium, das Schedules Information
Standards Committee (SISC), das das Standard Schedules Information
Manual (SSIM) herausgibt.

[85] SMITH, C.: Computerized Scheduling, Air Transport World 18, 3 (March 1981),
S. 16.

[86] Der Flugplankoordinator der Bundesrepublik Deutschland koordiniert die
geplanten Ankunfts- und/oder Abflugzeiten sämtlicher gewerblicher Flüge
an den internationalen Verkehrsflughäfen in der Bundesrepublik sowie
Flüge der gewerblichen Luftfahrt, die ohne Zwischenlandung das Gebiet
der Bundesrepublik Deutschland überfliegen.
Der Flugplankoordinator handelt im Auftrage des Bundesministers für
Verkehr. Die Institution besteht seit 1971.
Aus: REUSS, T.T. (Hrsg.): Jahrbuch der Luft- und Raumfahrt, Mannheim 1984,
S. 79.

3.1. Vergleichende Betrachtung in der Luftverkehrsbranche

Eine Auswahl luftverkehrsspezifischer Aufgaben, gruppiert nach Funktionen, ist in den bereits oben zitierten Übersichten der Air Transport World (ATW)[87] gegeben. ATW listet 1983 (1980) für 102 (108) internationale Luftverkehrsunternehmen auf, wie diese funktionale Schwerpunktaufgaben DV-seitig behandeln. Die dort gewählte Gruppierung stellt i.w. eine Aggregation der oben erläuterten Funktionsstruktur (vgl. Abb. 1 und Tab. 1) dar:

.PASSAGE[88]	entspricht	FUNKTION 1 - PASSAGE/FRACHT
.OPERATIONS	entspricht	FUNKTION 2 - STRECKE
	und	FUNKTION 4 - BORDPERSONAL
.MAINTENANCE	entspricht	FUNKTION 3 - FLUGZEUG
.MISCELLANEOUS[89]	entspricht	FUNKTION 5 - STEUERUNG/ORDNUNG
	und	FUNKTION 7 - ADMINISTRATION

Sofern eine Luftverkehrsgesellschaft eine Aufgabe per Datenverarbeitung bearbeitet, wird differenziert, ob diese auf eigenen Anlagen (Inhouse/ "YES-I"), auf den Anlagen einer anderen Luftverkehrsgesellschaft ("YES-X") oder über einen Dritten (Nichtluftverkehrsgesellschaft, Contractor/ "YES-C" oder speziell SITA/ "YES-S") durchgeführt wird (vgl. im einzelnen die Tabellen 11.1 und 11.2).

Trotz unterschiedlicher Beteiligung an den Erhebungen der ATW ist die Struktur der einbezogenen Luftverkehrsgesellschaften 1983 (grundsätzlich) ähnlich wie in der Untersuchung 1980. Neu in der Erhebung 1983 (gegenüber 1980) ist die Aufgabenerfassung in den Rubriken "Schedule" bei der ATW-Passage-Funktion, "Flight Follow" bei der ATW-Funktion "Operations" und "Performance" bei der ATW-Funktion "Maintenance" (Erläuterungen s. Fußnote 46).

---

[87] HENDERSON, D.K.: Airline Computerization Investment..., a.a.O.

[88] HENDERSON, D.K.: Airline Dependence on Computers Growing, a.a.O. Die ATW-Funktion "Passage" weist nicht explizit auf Frachtapplikationen hin und enthält über die Funktion 1 "Passage/Fracht" (gemäß Abb. 1 / Tab. 1) hinaus die Teilfunktion "Schedule" (ex Funktion 5 "Steuerung/Ordnung").

[89] Die Funktion 6 "Integration nach Raum und Zeit" ist (gemäß Abb. 1 / Tab. 1) hier nicht aufgeführt. Eine Separierung der Funktion 8 "EDV" wird in der ATW-Übersicht ebenfalls nicht vorgenommen.

	YES-I	YES-C	YES-S	YES-X	PLAN	NO
Passenger Service Functions						
Reservations	31.4 %	4.9 %	4.9 %	46.1 %	2.9 %	9.8 %
Check-In	23.5 %	1.0 %	2.0 %	22.5 %	11.8 %	39.2 %
Ticketing	22.5 %	–	–	18.6 %	16.7 %	42.2 %
Fare Quote	21.6 %	1.9 %	–	34.3 %	11.8 %	30.4 %
Hotel Res.	16.6 %	1.0 %	2.0 %	19.6 %	6.9 %	53.9 %
Car Rental	9.8 %	2.0 %	2.0 %	27.4 %	3.9 %	54.9 %
Baggage Trace	7.8 %	2.0 %	16.7 %	22.5 %	6.9 %	44.1 %
Schedule	37.3 %	2.9 %	–	2.9 %	20.6 %	36.3 %
Operations						
Crew Mgt.	40.2 %	1.0 %	–	2.0 %	22.5 %	34.3 %
Flight Planning	34.3 %	–	–	9.8 %	17.7 %	38.2 %
Flight Follow	31.3 %	1.0 %	–	11.8 %	14.7 %	41.2 %
Wt./Balance	29.4 %	1.0 %	–	2.9 %	17.7 %	49.0 %
Maintenance						
Rotables Control	55.9 %	1.0 %	–	1.0 %	23.5 %	18.6 %
Inventory Mgt.	66.7 %	2.0 %	–	–	16.6 %	14.7 %
Maintenance Schedule	47.0 %	2.0 %	–	–	20.6 %	30.4 %
Maintenance History	45.1 %	2.0 %	–	–	20.6 %	32.3 %
Performance	48.0 %	2.0 %	–	1.0 %	16.7 %	32.3 %
Miscellaneous						
Financial	80.4 %	9.8 %	–	1.0 %	3.9 %	4.9 %
Cargo Control	38.2 %	1.0 %	1.0 %	–	9.8 %	50.0 %
Mgt. Info	68.6 %	3.9 %	–	–	5.9 %	21.6 %

<u>Tabelle 11.1:</u> Einzelaufgaben pro Funktionsgruppe (ATW 1983)

Die Statistik weist Art und Grad der Realisierung der
Einzelaufgaben aus nach dem Stand der **ATW-Studie von 1983.**
Berücksichtigt sind alle 102 befragten Luftverkehrsge-
sellschaften.

		YES-I	YES-C	YES-S	YES-X	PLAN	NO
Passenger Service Functions	Reservations	38.9 %	3.7 %	4.6 %	36.1 %	6.5 %	10.2 %
	Check-In	26.9 %	3.7 %	0.9 %	13.9 %	17.6 %	37.0 %
	Ticketing	24.1 %	0.9 %	-	17.6 %	18.5 %	38.9 %
	Fare Quote	22.2 %	1.9 %	1.9 %	25.0 %	17.6 %	31.4 %
	Hotel Res.	20.4 %	-	2.8 %	18.5 %	10.2 %	48.1 %
	Car Rental	17.6 %	-	1.9 %	18.5 %	7.4 %	54.6 %
	Baggage Trace	6.5 %	0.9 %	9.3 %	30.5 %	11.1 %	41.7 %
	Schedule	-	-	-	-	-	-
Operations	Crew Mgt.	36.1 %	2.8 %	-	0.9 %	30.6 %	29.6 %
	Flight Planning	27.8 %	1.9 %	-	13.9 %	17.5 %	38.9 %
	Flight Follow	-	-	-	-	-	-
	Wt./Balance	30.6 %	1.9 %	-	0.9 %	19.4 %	47.2 %
Maintenance	Rotables Control	47.2 %	1.9 %	-	1.9 %	25.0 %	24.0 %
	Inventory Mgt.	58.3 %	2.8 %	-	0.9 %	17.6 %	20.4 %
	Maintenance Schedule	38.0 %	0.9 %	-	0.9 %	26.9 %	33.3 %
	Maintenance History	39.8 %	0.9 %	-	2.8 %	25.0 %	31.5 %
	Performance	-	-	-	-	-	-
Mis-cellaneous	Financial	83.4 %	8.3 %	-	0.9 %	2.8 %	4.6 %
	Cargo Control	29.6 %	1.9 %	-	0.9 %	10.2 %	57.4 %
	Mgt. Info	53.7 %	1.9 %	-	1.9 %	4.6 %	37.9 %

Tabelle 11.2: Einzelaufgaben pro Funktionsgruppe (ATW 1980)

Die Statistik weist Art und Grad der Realisierung der Einzelaufgaben aus nach dem Stand der **ATW-Studie von 1980.** Berücksichtigt sind alle 108 befragten Luftverkehrsgesellschaften.

Bei der ATW-Funktion "Passage" liegt das deutliche Schwergewicht bei den Aufgaben "Flugplan" und "Reservierung", die 1983 zu 37% (1980: k.A.) bzw. 31% (1980: 39%) inhouse (YES-I) abgewickelt wurden. Die Aufgabe "Reservierung" hat zudem den höchsten Anteil an denjenigen Aufgaben, die in der Inter-Airline-Zusammenarbeit abgewickelt werden (YES-X). Fast die Hälfte der Luftverkehrsgesellschaften (1983: 46%; 1980: 36%) partizipiert der ATW-Studie zufolge am Reservierungssystem einer anderen Luftverkehrsgesellschaft. Hinsichtlich der externen Erledigung folgen sodann die Aufgaben "Fare Quote"[90] und "Car Rental"[91], wobei auch hier internationale Vereinbarungen und Standardisierungen (zum Beispiel im Rahmen der IATA) diese Aufgaben für Kooperationsabwicklungen prädestinieren. Die Vergabe an Dritte (YES-C) erfolgt vornehmlich in der ATW-Passagefunktion, hier überwiegend bei den Aufgaben Reservierung und Baggage Trace[92]. Im traditionellen EDV- Aufgabenkomplex der Finanzen ist ebenfalls ein hoher Anteil für Dritte zu finden, was sicher in der häufig z.T. branchenunspezifischen und sogar unternehmensunabhängigen Problemstellung liegt.

Außerhalb der ATW-Passagefunktion kann mit 10 -.12 % lediglich bei der Flugplanung (Flight Planning) und operationellen Statistik (Flight Follow) noch ein nennenswerter Anteil der Fremdabwicklung verzeichnet werden. Die außerordentliche sicherheits- und zuverlässigkeitssensiblen Funktionen sowie administrative Aufgaben mit Vertraulichkeitscharakter werden fast ausschließlich Inhouse (YES-I) bearbeitet.

Geplante Neueinführungen sind lt. ATW-Erhebung vor allem bei Operations und Maintenance vorgesehen. Nachdem die Automatisierung ihren Ausgang im Passagewesen[93] genommen hat, verschieben sich nunmehr die Entwicklungen mehr in den operationellen und technischen Bereich.

---

90)   Fare Quote: Flugpreisberechnung.
91)   Car Rental: Vermittlung von Autovermietungen.
92)   Die SITA-Dienste sind hier auch schwerpunktmäßig angesprochen, bei Baggage Trace zu 17 % und bei der Reservierung zu 5 %.
93)   Dementsprechend ist hier der PLAN Prozentsatz in Tabelle 11.1. mit 2,9 % am niedrigsten.

Eine begrenzte (längsschnittliche) Entwicklungsanalyse ist bei dem Blick auf die (39) Luftverkehrsgesellschaften möglich, die an beiden Erhebungen der ATW - sowohl 1979/80 als auch 1982/83 - teilgenommen haben. Die Tabellen 11.3 und 11.4 enthalten diese zusammengefaßte Betrachtungsweise. Hierdurch wird zwar andeutungsweise die einschlägige Entwicklung über einen Zeitraum von 3 Jahren dargestellt, jedoch reduziert sich die Gesamtstichprobe auf N = 39 Luftverkehrsgesellschaften, wodurch die Aussagesicherheit (infolge der nicht ausreichenden Repräsentativität) gemindert wird.

Im ATW-Passage-Funktionsbereich ist keine nennenswerte Verschiebung (abgesehen von der neu aufgenommenen Aufgabe "Schedule") festzustellen. Der SITA-Anteil am Baggage Trace ist allerdings mehr als verdoppelt worden. Deutliche Erhöhungen bei der Realisierung von Aufgaben, und hier ausschließlich in der Inhouse-Lösung (YES-I), gibt es bei nahezu allen übrigen Aufgaben. Die höchsten Zuwächse haben dabei die Aufgabenbereiche "Rotables Control" mit 20,5 Prozentpunkten, "Crew und Inventory Management" mit jeweils 17,9 Punkten. "Cargo Control" ist bei der ATW-Statistik unter "sonstigen" Funktionen eingeordnet. Der Zuwachs ist mit 25,6 Prozentpunkten deutlich der größte. Die Bedeutung dieses Aufgabenfeldes im Bereich der Datenverarbeitung von Luftverkehrsgesellschaften wird noch durch den zusätzlich gestiegenen PLAN-Wert dieser Aufgabe unterstrichen (+ 5,1 %-Pkt.). In diesen wenigen Zahlen (des hier zugrundegelegten Zeitraums) kommt zum Ausdruck, daß DV-Applikationen im Dienstleistungssektor Luftfracht unzweifelhaft einen Wachstumsbereich darstellen.

		YES-I	YES-C	YES-S	YES-X	PLAN	NO
Passenger Service Functions	Reservations	43.6 %	5.1 %	5.1 %	35.9 %	2.6 %	7.7 %
	Check-In	41.0 %	-	2.6 %	23.1 %	10.2 %	23.1 %
	Ticketing	38.5 %	-	-	28.2 %	12.8 %	20.5 %
	Fare Quote	33.3 %	2.6 %	-	28.2 %	15.4 %	20.5 %
	Hotel Res.	30.8 %	-	5.1 %	23.1 %	7.7 %	33.3 %
	Car Rental	18.0 %	5.1 %	5.1 %	25.6 %	2.6 %	43.6 %
	Baggage Trace	10.2 %	2.6 %	28.2 %	28.2 %	2.6 %	28.2 %
	Schedule	56.4 %	-	-	-	15.4 %	28.2 %
Operations	Crew Mgt.	58.9 %	2.6 %	-	2.6 %	15.4 %	20.5 %
	Flight Planning	46.2 %	-	-	20.5 %	10.2 %	23.1 %
	Flight Follow	43.6 %	-	-	10.3 %	12.8 %	33.3 %
	Wt./Balance	46.1 %	-	-	2.6 %	12.8 %	38.5 %
Maintenance	Rotables Control	76.9 %	-	-	2.6 %	12.8 %	7.7 %
	Inventory Mgt.	84.6 %	-	-	-	7.7 %	7.7 %
	Maintenance Schedule	66.7 %	-	-	-	12.8 %	20.5 %
	Maintenance History	64.0 %	-	-	-	18.0 %	18.0 %
	Performance	74.3 %	-	-	2.6 %	7.7 %	15.4 %
Miscellaneous	Financial	92.3 %	-	-	-	2.6 %	5.1 %
	Cargo Control	64.1 %	-	-	-	12.8 %	23.1 %
	Mgt. Info	82.1 %	-	-	-	-	17.9 %

<u>Tabelle 11.3:</u> Einzelaufgaben pro Funktionsgruppe (ATW 1983/1980)

Die Statistik weist Art und Grad der Realisierung der
Einzelaufgaben aus nach dem Stand der **ATW-Studie von 1983.**
Berücksichtigt sind nur die (39) Luftverkehrsgesellschaften,
die sich auch an der Studie 1980 beteiligt haben.

		YES-I	YES-C	YES-S	YES-X	PLAN	NO
Passenger Service Functions	Reservations	43.6 %	5.1 %	5.1 %	33.4 %	5.1 %	7.7 %
	Check-In	38.5 %	2.6 %	-	17.9 %	15.4 %	25.6 %
	Ticketing	33.3 %	2.6 %	-	17.9 %	10.3 %	35.9 %
	Fare Quote	25.6 %	2.6 %	-	20.5 %	15.4 %	35.9 %
	Hotel Res.	25.6 %	-	2.6 %	20.5 %	5.1 %	46.2 %
	Car Rental	23.1 %	-	2.6 %	20.5 %	2.6 %	51.2 %
	Baggage Trace	7.7 %	-	12.8 %	30.8 %	7.7 %	41.0 %
	Schedule	-	-	-	-	-	-
Operations	Crew Mgt.	41.0 %	2.6 %	-	5.1 %	30.8 %	20.5 %
	Flight Planning	33.3 %	2.6 %	-	18.0 %	20.5 %	25.6 %
	Flight Follow	-	-	-	-	-	-
	Wt./Balance	41.0 %	2.6 %	-	-	15.4 %	41.0 %
Maintenance	Rotables Control	56.4 %	-	-	2.6 %	17.9 %	23.1 %
	Inventory Mgt.	66.7 %	-	-	-	20.5 %	12.8 %
	Maintenance Schedule	53.9 %	-	-	-	20.5 %	25.6 %
	Maintenance History	48.7 %	-	-	-	23.1 %	28.2 %
	Performance	-	-	-	-	-	-
Mis-cellaneous	Financial	94.8 %	-	-	2.6 %	-	2.6 %
	Cargo Control	38.5 %	-	-	-	7.7 %	53.8 %
	Mgt. Info	61.5 %	-	-	2.6 %	2.6 %	33.3 %

Tabelle 11.4: Einzelaufgaben pro Funktionsgruppe (ATW 1980/1983)

Die Statistik weist Art und Grad der Realisierung der Einzelaufgaben aus nach dem Stand der **ATW-Studie von 1980.** Berücksichtigt sind nur die (39) Luftverkehrsgesellschaften, die sich auch an der Studie 1983 beteiligt haben.

Die Deutsche Lufthansa AG hat im Bereich der ATW-Passagefunktion alle
hier aufgeführten Aufgaben realisiert. Die Flugpreisberechnung (Fare Quote)
wird dabei zukünftig über den SITA-Service[94] abgewickelt. Ausgenommen
ist die Mietwagenreservierung, eine Rubrik, bei der ein Realisierungsanteil
von 45,1 % (siehe Tabelle 12.1)[95] vorliegt.

Den höchsten Realisierungsgrad der luftverkehrsspezifischen Aufgaben (vgl.
die Tabellen 12.1 und 12.2)[95] hat die Reservierung 1980 mit 89,8 % und mit
90,2 % im Jahre 1983. Das Aufgabengebiet "Financial" hat zwar jeweils Anteile
von über 95 % erreicht, kann aber mit Sicherheit nicht in vollem Umfang
als luftverkehrstypisch apostrophiert werden. In beiden Erhebungsjahren 1979
bzw. 1982 hat die Funktion "Maintenance" eine vergleichsweise hohe Realisie-
rungsquote, was aus für alle Luftverkehrsgesellschaften im Grunde gleicher-
maßen bestehenden, hohen Sicherheitsanforderungen herrührt.

Der direkte Vergleich der zeitlichen Entwicklung der Funktionsrealisierung
(Tabellen 12.3 und 12.4)[95] zeigt fast durchgängig Steigerungen in der Automatisierung. Selbst bei der Kernaufgabe "Reservierung" ist ein leichter Anstieg
(konstante NO- und YES-Rate bei gesunkenem PLAN-Anteil) zu verzeichnen.
Die an das Kriterium Sicherheit gekoppelten Aufgaben der Funktion
"Maintenance" haben gegenüber 1980 derart im Automatisierungsgrad zugenom-
men, daß sie nahezu ranggleich mit den ATW-Passage-Funktionen werden.
Die bezüglich des Realisierungsgrads führende Rolle der Reservierung wird
durch die höhere durchgeführte Automatisierung (ergibt sich aus YES abzüglich
PLAN) gehalten. Jedoch zeigt der Planbestand z.B. der Funktion "Maintenance",
daß nach Realisierung der Planungsvorhaben (PLAN) beide Funktionsbereiche
nahezu gleich gezogen haben werden. Es steht zu erwarten, daß sich der angesprochene, derzeit noch bestehende Realisierungsunterschied tatsächlich in
den nächsten Jahren egalisieren wird.

---

[94] First Contract Signed for FARE QUOTE,
SITA Communications, Vol. 8, No. 3 (June 1983), S. 3.
[95] Hier ist der PLAN der Realisierung (YES) zugeschlagen.
Insofern wird zwischen bereits realisierten und in Angriff genommenen
Aufgaben keine Unterscheidung getroffen; andernfalls wäre es folgerichtig,
nach einzelnen Realisierungs- und Planungsstufen zu differenzieren.

Passenger Service Functions							
	Reservations	Check in	Ticketing	Fare Quote	Hotel Res.	Car Rent	Baggage Trade	Schedule
YES	90.2 %	60.8 %	57.8 %	69.6 %	46.1 %	45.1 %	55.9 %	63.7 %
darin PLAN	2.9 %	11.8 %	16.7 %	11.8 %	6.9 %	3.9 %	6.9 %	20.6 %
NO	9.8 %	39.2 %	42.2 %	30.4 %	53.9 %	54.9 %	44.1 %	36.3 %

Operations			
	Crew Mgt.	Flight Planning	Flight Follow	Weight & Balance
YES	65.7 %	61.8 %	58.8 %	51.0 %
darin PLAN	22.5 %	17.7 %	14.7 %	17.7 %
NO	34.3 %	38.2 %	41.2 %	49.0 %

Maintenance					Miscellaneous		
	Rotables Control	Inventory Mgt.	Maintenance Schedule	Maintenance History	Perfor-mance	Financial	Cargo Control	Mgt. Info
YES	81.4 %	85.3 %	69.6 %	67.7 %	67.7 %	95.1 %	50.0 %	78.4 %
darin PLAN	23.5 %	16.6 %	20.6 %	20.6 %	16.7 %	3.9 %	9.8 %	5.9 %
NO	18.6 %	14.7 %	30.4 %	32.3 %	32.3 %	4.9 %	50.0 %	21.6 %

__Tabelle 12.1:__ Realisierung von Aufgaben bei Luftverkehrsgesellschaften
1983: 102 Airlines

Passenger Service Functions							
	Reservations	Check in	Ticketing	Fare Quote	Hotel Res.	Car Rent	Baggage Trade	Schedule
YES	89.8 %	63.0 %	61.1 %	68.6 %	51.9 %	45.4 %	58.3 %	-
darin PLAN	6.5 %	17.6 %	18.5 %	17.6 %	10.2 %	7.4 %	11.1 %	-
NO	10.2 %	37.0 %	38.9 %	31.4 %	48.1 %	54.6 %	41.7 %	-

Operations				
	Crew Mgt.	Flight Planning	Flight Follow	Weight & Balance
YES	70.4 %	61.1 %	-	52.8 %
darin PLAN	30.6 %	17.5 %	-	19.4 %
NO	29.6 %	38.9 %	-	47.2 %

Maintenance						Miscellaneous		
	Rotables Control	Inventory Mgt.	Maintenance Schedule	Maintenance History	Perfor- mance	Financial	Cargo Control	Mgt. Info
YES	76.0 %	79.6 %	66.7 %	68.5 %	-	95.4 %	42.6 %	62.1 %
darin PLAN	25.0 %	17.6 %	26.9 %	25.0 %	-	2.8 %	10.2 %	4.6 %
NO	24.0 %	20.4 %	33.3 %	31.5 %	-	4.6 %	57.4 %	37.9 %

<u>Tabelle 12.2:</u> Realisierung von Aufgaben bei Luftverkehrsgesellschaften
1980: 108 Airlines

Passenger Service Functions							
	Reservations	Check in	Ticketing	Fare Quote	Hotel Res.	Car Rent.	Baggage Trade	Schedule
YES	92.3 %	76.9 %	79.5 %	79.5 %	66.7 %	56.4 %	71.8 %	71.8 %
darin PLAN	2.6 %	10.2 %	12.8 %	15.4 %	7.7 %	2.6 %	2.6 %	15.4 %
NO	7.7 %	23.1 %	20.5 %	20.5 %	33.3 %	43.6 %	28.2 %	28.2 %

Operations				
	Crew Mgt.	Flight Planning	Flight Follow	Weight & Balance
YES	79.5 %	76.9 %	66.7 %	61.5 %
darin PLAN	15.4 %	10.2 %	12.8 %	12.8 %
NO	20.5 %	23.1 %	33.3 %	38.5 %

Maintenance						Miscellaneous		
	Rotables Control	Inventory Mgt.	Maintenance Schedule	Maintenance History	Perfor- mance	Financial	Cargo Control	Mgt. Info
YES	92.3 %	92.3 %	79.5 %	82.0 %	84.6 %	94.9 %	76.9 %	82.1 %
darin PLAN	12.8 %	7.7 %	12.8 %	18.0 %	7.7 %	2.6 %	12.8 %	0
NO	7.7 %	7.7 %	20.5 %	18.0 %	15.4 %	5.1 %	23.1 %	17.9 %

<u>Tabelle 12.3:</u> Realisierung von Aufgaben bei Luftverkehrsgesellschaften
1983: 39 Airlines an **beiden Studien** beteiligt

Passenger Service Functions							
	Reservations	Check in	Ticketing	Fare Quote	Hotel Res.	Car Rent	Baggage Trade	Schedule
YES	92.3 %	74.4 %	64.1 %	64.1 %	53.8 %	48.8 %	59.0 %	-
darin PLAN	5.1 %	15.4 %	10.3 %	15.4 %	5.1 %	2.6 %	7.7 %	-
NO	7.7 %	25.6 %	35.9 %	35.9 %	46.2 %	51.2 %	41.0 %	-

Operations				
	Crew Mgt.	Flight Planning	Flight Follow	Weight & Balance
YES	79.5 %	74.4 %	-	59.0 %
darin PLAN	30.8 %	20.5 %	-	15.4 %
NO	20.5 %	25.6 %	-	41.0 %

Maintenance						Miscellaneous		
	Rotables Control	Inventory Mgt.	Maintenance Schedule	Maintenance History	Perfor- mance	Financial	Cargo Control	Mgt. Info
YES	76.9 %	87.2 %	74.4 %	71.8 %	-	97.4 %	46.2 %	66.7 %
darin PLAN	17.9 %	20.5 %	20.5 %	23.1 %	-	0	7.7 %	2.6 %
NO	23.1 %	12.8 %	25.6 %	28.2 %	-	2.6 %	53.8 %	33.3 %

Tabelle 12.4: Realisierung von Aufgaben bei Luftverkehrsgesellschaften 1980: 39 Airlines an **beiden Studien** beteiligt

Während die Tabellen 12.1-12.4 eine Aussage über den Realisierungs- bzw. Planungsstand bezogen auf die jeweilige Funktionsgruppe sowie bezogen auf die erfaßten Aufgabenkomplexe treffen lassen, geben die nachfolgenden Tabellen 13.1 und 13.2 den Automatisierungsstand (Stand der Einzelaufgabenrealisierung) bezogen auf die befragten Luftverkehrsgesellschaften wieder. Aus den Angaben der beiden folgenden Tabellen kann u.a. entnommen werden, welche Bedeutung die in die ATW-Erhebung einbezogenen Luftverkehrsgesellschaften der Realisierung/Automatisierung der einzelnen ATW-Funktionsgruppen (Passenger Service Functions, Operations, Maintenance und Miscellaneous) zumessen.

Die Tabelle 13.1 beleuchtet im einzelnen den Aspekt, wie viele Luftverkehrsgesellschaften die Aufgaben in den einzelnen ATW-Funktionsgruppen voll, teilweise oder evtl. gar nicht abdecken. Hier fällt die ATW-Funktionsgruppe "Maintenance" auf, bei der über die Hälfte der jeweils befragten Luftverkehrsgesellschaften alle Aufgaben für derart wichtig - ggf. weil sicherheitsrelevant - erachten, daß sie realisiert sind. Bei der ATW-Funktion "Passenger Service Functions" ist die Streuung über die Aufgabenpalette deutlich größer; dies könnte u.a. Ausdruck von bei den Luftverkehrsgesellschaften unterschiedlichen Service-Auffassungen sein.

Die Tabelle 13.2 mit der Analyse der wiederholt an der ATW-Erhebung beteiligten Luftverkehrsgesellschaften, zu denen auch die Deutsche Lufthansa AG zählt, läßt erneut Rückschlüsse auf die Automatisierungsentwicklung von 1980 bis 1983 unter Einbeziehung der jeweiligen EDV-Planungen zu. Beachtet man die teilweise Erweiterung der Funktionsunterteilung in Aufgaben[96], dann wird ersichtlich, daß die Automatisierung durchgehend gesteigert worden ist. Die vollständige Abdeckung (d.h. Realisierung der Maximalzahl an Aufgaben je Funktionsgruppe) ist ebenfalls, teilweise deutlich, gesteigert worden. Lediglich die Operationsfunktion hat durch die Erweiterung einen leichten Rückgang in der Vollständigkeit (1980: 48,7 % mit allen 3 Aufgaben; 1983: 43,6 % mit allen 4 Aufgaben) zu verzeichnen.

---

[96] Die Funktionen Passage, Operations und Maintenance haben 1983 jeweils eine Aufgabe mehr als 1980 erhalten (vgl. Fußnote 46).

Passenger Service Functions	1980	1983		Operations	1980	1983
8 Aufgaben	–	15.7 %		4 Aufgaben	–	32.3 %
7 Aufgaben	22.2 %	15.7 %		3 Aufgaben	38.9 %	16.7 %
6 Aufgaben	18.5 %	14.7 %		2 Aufgaben	25.0 %	20.6 %
5 Aufgaben	16.7 %	16.7 %		1 Aufgabe	17.6 %	16.7 %
4 Aufgaben	7.4 %	8.8 %		keine Aufgabe	18.5 %	13.7 %
3 Aufgaben	12.0 %	8.8 %		Summe	100.0 %	100.0 %
2 Aufgaben	9.3 %	5.9 %				
1 Aufgabe	3.7 %	8.8 %				
keine Aufgabe	10.2 %	4.9 %				
Summe	100.0 %	100.0 %				
Lufthansa: 1980 – 6 Aufgaben				Lufthansa: 1980 – 3 Aufgaben		
1983 – 7 Aufgaben				1983 – 3 Aufgaben		

Maintenance	1980	1983		Miscellaneous	1980	1983
5 Aufgaben	–	52.0 %		3 Aufgaben	35.2 %	46.1 %
4 Aufgaben	50.0 %	16.6 %		2 Aufgaben	34.3 %	35.3 %
3 Aufgaben	20.4 %	8.8 %		1 Aufgabe	25.9 %	14.7 %
2 Aufgaben	12.0 %	5.9 %		keine Aufgabe	4.6 %	3.9 %
1 Aufgabe	5.6 %	6.9 %		Summe	100.0 %	100.0 %
keine Aufgabe	12.0 %	9.8 %				
Summe	100.0 %	100.0 %				
Lufthansa: 1980 – 4 Aufgaben				Lufthansa: 1980 – 3 Aufgaben		
1983 – 5 Aufgaben				1983 – 3 Aufgaben		

Tabelle 13.1: Funktionsabdeckung in 1983 und 1980

Getrennte Betrachtung der befragten Luftverkehrsgesellschaften.
Entsprechend der Aufgabenanzahl (gem. der Aufgabennennungen in den
Tabellen 11 je ATW-Funktionsgruppe PASSAGE, OPERATIONS,
MAINTENANCE und MISCELLANEOUS) ist hier aufgeschlüsselt, wie-
viele Luftverkehrsgesellschaften alle bis keine der genannten Aufgaben
realisiert haben. - Dabei wird nur die Anzahl der jeweils realisierten
Aufgaben registriert; der jeweilige Planungsstand bleibt mithin
unberücksichtigt. Ferner erfolgt keine Gewichtung der realisierten
bzw. bislang nicht realisierten Aufgaben der jeweiligen Funktionsgruppe.

Passenger Service Functions	1980	1983
8 Aufgaben	–	25.7 %
7 Aufgaben	20.7 %	28.2 %
6 Aufgaben	17.9 %	12.8 %
5 Aufgaben	10.3 %	12.8 %
4 Aufgaben	7.7 %	7.7 %
3 Aufgaben	7.7 %	5.1 %
2 Aufgaben	10.3 %	0
1 Aufgabe	7.7 %	5.1 %
keine Aufgabe	7.7 %	2.6 %
Summe	100.0 %	100.0 %

Lufthansa: 1980 - 6 Aufgaben
1983 - 7 Aufgaben

Operations	1980	1983
4 Aufgaben	–	43.6 %
3 Aufgaben	48.7 %	17.9 %
2 Aufgaben	25.6 %	23.1 %
1 Aufgabe	15.4 %	10.3 %
keine Aufgabe	10.3 %	5.1 %
Summe	100.0 %	100.0 %

Lufthansa: 1980 - 3 Aufgaben
1983 - 3 Aufgaben

Maintenance	1980	1983
5 Aufgaben	–	64.1 %
4 Aufgaben	53.8 %	20.5 %
3 Aufgaben	20.5 %	7.7 %
2 Aufgaben	15.4 %	2.6 %
1 Aufgabe	2.6 %	0
keine Aufgabe	7.7 %	5.1 %
Summe	100.0 %	100.0 %

Lufthansa: 1980 - 4 Aufgaben
1983 - 5 Aufgaben

Miscellaneous	1980	1983
3 Aufgaben	43.6 %	71.8 %
2 Aufgaben	25.6 %	12.8 %
1 Aufgabe	28.2 %	12.8 %
keine Aufgabe	2.6 %	2.6 %
Summe	100.0 %	100.0 %

Lufthansa: 1980 - 3 Aufgaben
1983 - 3 Aufgaben

Tabelle 13.2.: Funktionsabdeckung in 1983 und 1980

Betrachtung der 39 Luftverkehrsgesellschaften, die an **beiden** ATW-Erhebungen teilgenommen haben. Sonst wie Tabelle 13.1.

Bei der ATW-Funktionsgruppe "Operations" konnte die Deutsche Lufthansa AG 1980 auf eine volle Aufgabenabdeckung verweisen. Die 1983 neu bei ATW aufgenommene Aufgabe "Flight Follow" ist jedoch bisher bei der Deutschen Lufthansa AG nicht realisiert. Die ATW-Funktion "Maintenance" wird seitens der Deutschen Lufthansa AG voll EDV-mäßig abgedeckt, wie dies bei über 50 % der in die Erhebung einbezogen Gesellschaften der Fall ist. Hier ist auch seitens der Deutschen Lufthansa AG die (1983) neue Aufgabe "Performance" mitabgedeckt.

An dieser Stelle sei darauf hingewiesen, daß sich obige Betrachtungen nur unzureichend - wie dies aus den explizit genannten Einzelaufgaben unschwer ableitbar ist - mit Aufgaben aus dem Bereich Fracht-EDV befassen (lediglich die Aufgabe Cargo Control wird unter der Funktion "Sonstiges" angeführt). Insoweit sind die Aufstellungen, auf die hier zurückgegriffen worden ist, erweiterungsbedürftig.

3.2. Der Aufgabenbestand der Datenverarbeitung bei der Deutschen Lufthansa AG

Die bei der Deutschen Lufthansa AG auf den Systemen der Datenverarbeitungsbetriebe (SPERRY und IBM) implementierten Aufgabensysteme zur Funktionsausfüllung sind in Tabelle 14 zusammengefaßt.[97]

Diese Zusammenstellung faßt teilweise Aufgabengruppen[98] zusammen. So verbergen sich hinter "Reservierungssysteme" allein die drei Gruppen "Flug-gast-", "Hotel-" und "Frachtbuchung". Insgesamt bestehen Ende 1982 276 Aufgabengruppen, davon 35 in der Funktion 1 "Passage/Fracht" und 44 in der Funktion 3 "Flugzeug", um zwei markante Bereiche explizit zu erwähnen.

---

[97] An dieser Stelle sei noch einmal ausdrücklich darauf hingewiesen, daß die Funktionsabgrenzungen aus Abb. 1/Tab. 1 und diejenigen aus den ATW-Studien nur mit Einschränkungen vergleichbar sind. Nichtsdestoweniger liegen bei den jeweils abgegrenzten Funktionen große Überschneidungsbereiche vor, so daß zwar kein direkter Zahlenvergleich möglich ist, jedoch eine qualitative Inbezugnahme durchaus zulässig erscheint.

[98] Eine Aufgabengruppe ist durch eine Projektnummer äußerlich gekennzeichnet. Unter diesem Ordnungsbegriff sind alle projektzugehörigen Einzelprogramme subsumiert.

Funktion 1:	**PASSAGE/FRACHT**	Reservierungssysteme Abfertigung
Funktion 2:	**STRECKE**	Flugwegplanung Flughafeninformationssystem
Funktion 3:	**FLUGZEUG**	Laufzeitkontrolle Umlaufteile Reliability Data On Demand (ROD) Werkstätten-Informationssystem (WIS)
Funktion 4:	**BORDPERSONAL**	Crew Management System (CMS)
Funktion 5:	**STEUERUNG u. ORDNUNG**	Verkehrssteuerung Flugplan (SIS)
Funktion 6:	**INTEGRATION**	Telegrammvermittlung Mailing (LIFTNET)
Funktion 7:	**ADMINISTRATION**	Personalwesen Buchhaltung Planung / Budget
Funktion 8:	**E D V**	Systempflege Systemsoftware (IMS, TSO, VSPC) Systemverwaltung (Accounting)

Tabelle 14:   Wesentliche Einzelaufgaben bei der Deutschen Lufthansa AG in ihrer Funktionszuordnung, wie in Abb. 1 und Tab. 1 dargestellt.

3.2.1. Aufgabenschwerpunkte (Beispiele)

Zur Ermittlung der Aufgabenschwerpunkte sind die EDV-Aufwendungen[99] auf Aufgaben zugeordnet und diese dann entsprechend den Funktionen 1 - 8 (gemäß Abb. 1 und Tab. 1) zugeteilt worden. Für die Analyse ist hilfsweise eine Proportionalität zwischen Aufwand und Aufgabenbedeutung unterstellt worden.

---

[99] Der kostenmäßigen Bewertung von DV-Aufgaben liegen Lufthansa-eigene Accountingverfahren zugrunde. Der hier zugrundegelegte 'Aufwand' umfaßt Aufwendungen aus Systemanalyse und Programmierung sowie aus der DV-Produktion der beiden Datenverarbeitungsbetriebe.

Die prozentuale Verteilung der <u>Aufwendungen</u> auf die 8 Funktionen ergibt die
in Tabelle 15 ausgewiesene Rangfolge[100].

1	Funktion 1	**PASSAGE/FRACHT**	41.1 %
2	Funktion 8	**E D V**	17.7 %
3	Funktion 7	**ADMINISTRATION**	13.5 %
4	Funktion 3	**FLUGZEUG**	12.9 %
5	Funktion 5	**STEUERUNG u. ORDNUNG**	5.2 %
6	Funktion 4	**BORDPERSONAL**	4.1 %
7	Funktion 6	**INTEGRATION**	2.8 %
8	Funktion 2	**STRECKE**	2.7 %

<u>Tabelle 15:</u> Rangfolge der Datenverarbeitungs-Aufwendungen bezogen auf
die Funktionen einer Luftverkehrsgesellschaft am Beispiel der
Deutschen Lufthansa AG.

Die hier am Beispiel der Deutschen Lufthansa AG diagnostizierte, führende
Position der Funktion "Passage/Fracht" entspricht der Bedeutung dieser Funktion im Aufgabenzusammenhang einer Luftverkehrsgesellschaft. Der hohe
Aufwand für die Funktion "Flugzeug" unterstreicht auch von Seiten der Datenverarbeitung den Sicherheits- und Zuverlässigkeitsaspekt. Diese Prioritä-
tensetzungen sind weiter oben bereits branchenbezogen festgestellt worden;
diese Übereinstimmung zwischen der ATW-Aussage und der hier gewählten
aufwandsbezogenen Betrachtung läßt die zugrundegelegte Methodik als plausibel
und in praktischer Hinsicht als vertretbar erscheinen.

---

[100] Basis ist das Jahr 1982.

Die Verdichtung der aufwandsbezogenen Auswertung auf die drei
Funktionsgruppen (Pkt. 1.1. und Abb. 1) ergibt

. Primäre Leistungskomponenten   (Funktionen 1 - 4)...... 60,7 %

. Sekundäre Leistungskomponenten   (Funktionen 5 & 6)...... 8,0 %

. Tertiäre Leistungskomponenten   (Funktionen 7 & 8)...... 31,2 %

Dies unterstreicht, daß die Datenverarbeitung bei der Deutschen Lufthansa
AG eindeutig auf das Leistungsereignis orientiert eingesetzt wird. Dies wird
durch die nachfolgend beschriebenen Aufgabenbeispiele weiter verdeutlicht.

Repräsentativ für die Funktion "Passage/Fracht" steht der Aufgabenschwerpunkt DIPS (Datenverbund im Passage-System). DIPS integriert die
Teilsysteme Ticketing TKT, Reservierung RES, Check-In CKI/NCI, Verkehrs-
abrechnung REV und Noshow-Bearbeitung NOSHOW (s. hierzu Abb. 11). Der
Verbund unterstützt EDV-mäßig (durch einen in sich abgeschlossenen Ablauf)
den fluggastbezogenen Prozeß der Leistungserbringung. Hierfür ist es erforderlich, Daten des Kunden bzw. Fluggastes in dem System zu erfassen und zu
verwalten[101].

Die Fluggastdaten werden bei der Reservierung (RES) und (automatischen)
Flugscheinausstellung (TKT) erfaßt. Diese Daten werden in einer Form ge-
sammelt, in der sie bei der Abfertigung des Fluggastes (CKI/NCI) weiterver-
wendet werden können. Die sich bei der Abfertigung einfindenden Fluggäste
verfügen über ein Flugdokument (z.B. ATB[102]), das einen eindeutigen,
systemlesbaren Identifikationsbegriff (z.B. Couponnummer) trägt.

---

[101] Der Verbund schafft ferner die Voraussetzung für ein Selbstbe-
dienungssystem unter Einschluß der Fluggastreservierung. DIPS ist die
datenlogische Voraussetzung für weiterreichende Automatisierungen im
Passage-System (Integriertes Passage-System/IPS), auf die in Kapitel 4
näher eingegangen wird. Mit Realisierung von IPS werden Selbstbedienungs-
automaten für z.B. Flugauskunft, Flugscheinverkauf, Abfertigung und
Einsteigen dem Kunden verfügbar sein. Insofern schafft das Systemdreieck
TKT, RES und CKI/NCI (vgl. Abb. 11) in DIPS die datenlogische Voraussetzung
für die Realisierung von IPS.

[102] ATB = Automated Ticket / Boarding Pass. Derzeit noch nicht im Einsatz;
es existiert eine IATA-Recommended Practice No. 1722 C. In den
heutigen Systemen wird als "Computer-Ticket" das sog. TAT (Transitional
Automated Ticket) verwendet. Es wird sich in naher Zukunft heraus-
stellen, ob das ATB oder das TAT das Flugdokument der Zukunft darstellt.

Unter Bezug auf die Fluggastdaten sowie auf die Information auf dem Flugdokument werden die Fluggäste kategorisiert[103]. Nach dieser Überprüfung
erfolgt das Check-In im engeren Sinne (CKI/NCI) mit der Abfertigung der
Gepäckstücke. Hier werden weitere fluggastbezogene Daten erfaßt wie z.B.
die Gepäcknummer und zusätzliche Serviceinformationen.

Es folgt der Einsteigedienst, bei dem anhand der vorliegenden Information die
Legitimation des Fluggastes zum Einsteigen festgestellt und im EDV-System
vermerkt wird. Ist die Abfertigung eines Fluges abgeschlossen, werden von
dem System bestimmte Abschlußinformationen generiert und an die Verkehrs-
abrechnung zur automatischen Ertragsermittlung (REV) weitergereicht. Zum
Zeitpunkt des Flugabschlusses steht fest, welche Verkaufsdatensätze nunmehr
ertragswirksame Bestandteile enthalten. Ebenso stehen ungenutzte Kapa-
zitäten[104] fest, zu deren Ursachenanalyse unter anderem Noshow-Informationen
(NOSHOW) ausgewertet werden.

Von DIPS sind bereits alle Teilsysteme - ausgenommen das Teilsystem NOSHOW -
(separat für sich) realisiert. In der nächsten Zeit wird es zur Herstellung des
integrierten Datenverbundes darum gehen, die Schnittstellen zwischen diesen
Teilsystemen, soweit diese unzureichend sind oder noch gar nicht existieren, zu
schaffen. Zwei Schnittstellen, die in DIPS Angelpunkte darstellen, kommt
besondere Bedeutung zu:
- PNL: Schnittstelle zwischen RES/CKI/NOSHOW
  (IATA Recommended Practice No. 1284)
- Schnittstelle zwischen TKT/REV/CKI

Die Gestaltung der Schnittstellen hat z.T. auch Rückwirkung auf die bereits
vorhandenen Teilsysteme (insb. RES und CKI). Das Teilsystem Check-In CKI
ist in diesem Zusammenhang unbedingt zu einem System mit Namensabfertigung
(der Passagiere; Name Check In NCI) weiterauszubauen.

---

[103] Kategorisierung z.B. nach Passagieren mit Festbuchung und Warteliste-
Passagieren.

[104] Das nicht-lagerfähige Produkt der Luftverkehrsgesellschaft würde in
diesem Fall Verlust erzeugen, den es zu vermeiden bzw. zu minimieren
gilt.

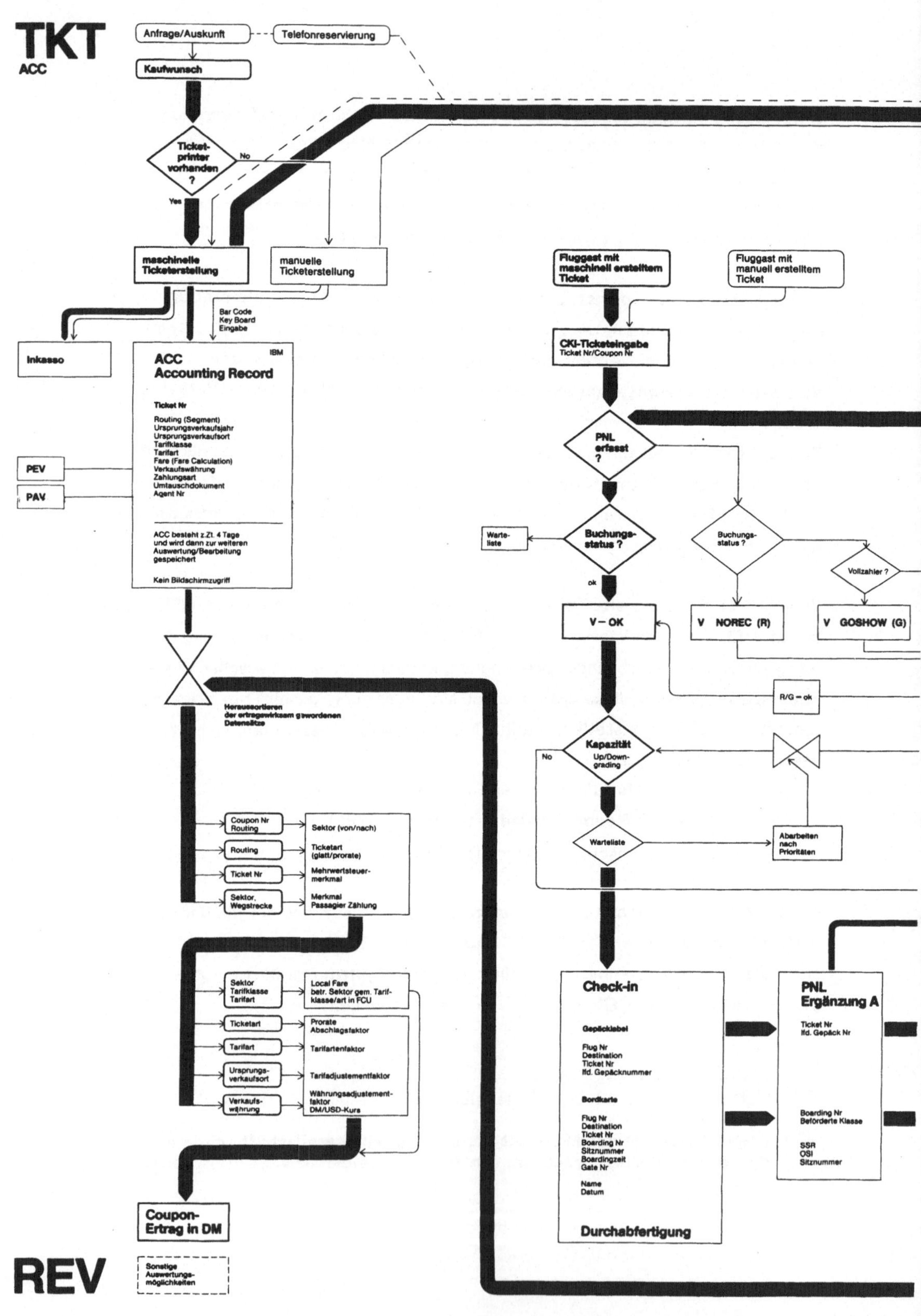

TKT
ACC

Anfrage/Auskunft
Telefonreservierung
Kaufwunsch

Ticketprinter vorhanden ?
No
Yes

maschinelle Ticketerstellung
manuelle Ticketerstellung

Inkasso

Bar Code
Key Board
Eingabe

ACC
Accounting Record
IBM

Ticket Nr

Routing (Segment)
Ursprungsverkaufsjahr
Ursprungsverkaufsort
Tarifklasse
Tarifart
Fare (Fare Calculation)
Verkaufswährung
Zahlungsart
Umtauschdokument
Agent Nr

PEV
PAV

ACC besteht z.Zt. 4 Tage
und wird dann zur weiteren
Auswertung/Bearbeitung
gespeichert

Kein Bildschirmzugriff

Fluggast mit maschinell erstelltem Ticket
Fluggast mit manuell erstelltem Ticket

CKI-Ticketeingabe
Ticket Nr/Coupon Nr

PNL erfasst ?

Buchungsstatus ?
Warteliste
ok

Buchungsstatus ?
Vollzahler ?

V — OK
V NOREC (R)
V GOSHOW (G)

R/G = ok

Kapazität
Up/Downgrading
No

Warteliste
Abarbeiten nach Prioritäten

Herausoortieren
der ertragswirksam gewordenen
Datensätze

Coupon Nr
Routing
Sektor (von/nach)

Routing
Ticketart
(glatt/prorate)

Ticket Nr
Mehrwertsteuermerkmal

Sektor, Wegstrecke
Merkmal Passagier Zählung

Sektor
Tarifklasse
Tarifart
Local Fare
betr. Sektor gem. Tarifklasse/art in FCU

Ticketart
Prorate Abschlagsfaktor

Tarifart
Tarifartenfaktor

Ursprungsverkaufsort
Tarifadjustementfaktor

Verkaufswährung
Währungsadjustementfaktor
DM/USD-Kurs

Coupon-Ertrag in DM

Check-in

Gepäcklabel

Flug Nr
Destination
Ticket Nr
lfd. Gepäcknummer

Bordkarte

Flug Nr
Destination
Ticket Nr
Boarding Nr
Sitznummer
Boardingzeit
Gate Nr

Name
Datum

Durchabfertigung

PNL
Ergänzung A

Ticket Nr
lfd. Gepäck Nr

Boarding Nr
Beförderte Klasse

SSR
OSI
Sitznummer

REV

Sonstige
Auswertungsmöglichkeiten

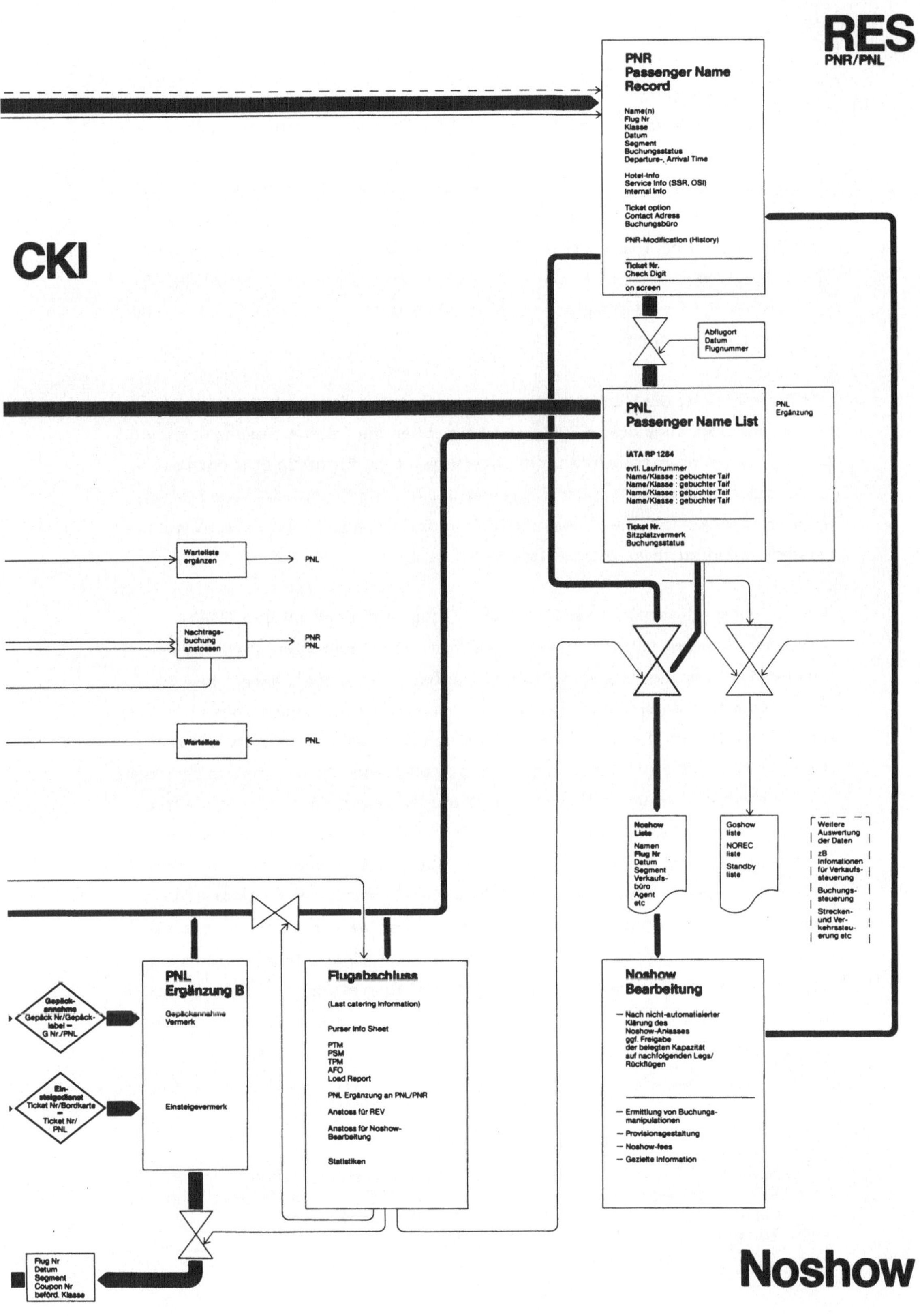
RES
PNR/PNL
CKI
Noshow
PNR
Passenger Name Record
Name(n)
Flug Nr
Klasse
Datum
Segment
Buchungsstatus
Departure-, Arrival Time
Hotel-Info
Service Info (SSR, OSI)
Internal Info
Ticket option
Contact Adress
Buchungsbüro
PNR-Modification (History)
Ticket Nr.
Check Digit
on screen
Abflugort
Datum
Flugnummer
PNL
Passenger Name List
PNL
Ergänzung
IATA RP 1264
evtl. Laufnummer
Name/Klasse : gebuchter Taif
Name/Klasse : gebuchter Taif
Name/Klasse : gebuchter Taif
Name/Klasse : gebuchter Taif
Ticket Nr.
Sitzplatzvermerk
Buchungsstatus
Warteliste
ergänzen
PNL
Nachtrags-
buchung
anstossen
PNR
PNL
Warteliste
PNL
Noshow
Liste
Namen
Flug Nr
Datum
Segment
Verkaufs-
büro
Agent
etc
Goshow
liste
NOREC
liste
Standby
liste
Weitere
Auswertung
der Daten
zB
Infomationen
für Verkaufs-
steuerung
Buchungs-
steuerung
Strecken-
und Ver-
kehrssteu-
erung etc
PNL
Ergänzung B
Gepäckannahme
Vermerk
Einsteigevermerk
Flugabschluss
(Last catering Information)
Purser Info Sheet
PTM
PSM
TPM
AFO
Load Report
PNL Ergänzung an PNL/PNR
Anstoss für REV
Anstoss für Noshow-
Bearbeitung
Statistiken
Noshow
Bearbeitung
— Nach nicht-automatisierter
Klärung des
Noshow-Anlasses
ggf. Freigabe
der belegten Kapazität
auf nachfolgenden Legs/
Rückflügen
— Ermittlung von Buchungs-
manipulationen
— Provisionsgestaltung
— Noshow-fees
— Gezielte Information
Gepäck-
annahme
Gepäck Nr/Gepäck-
label —
G Nr./PNL
Ein-
steigedienst
Ticket Nr/Bordkarte —
Ticket Nr/
PNL
Flug Nr
Datum
Segment
Coupon Nr
beförd. Klasse

Im Bereich der Fracht hat im Herbst 1983 die Deutsche Lufthansa AG die
Eingangsstufe des UNIVAC-Standardpaketes USAS*CARGO mit Informations-
funktionen (Flugpläne, Frachtraten, Kunden u.ä.), Frachtreservierung, Erstellung von Frachtmanifesten und Schnittstellen zum Abfertigungssystem für
das Frachtterminal Frankfurt (LCC Lufthansa Cargo Center) in den Routinebetrieb übernommen. Die Systemausbreitung beschränkt sich zunächst auf die
Bundesrepublik Deutschland sowie auf einige wenige europäische Städte (London,
Mailand und Kopenhagen).

Ab Ende 1984 ist die Realisierung weiterer Ausbaustufen dieses Frachtsystems
vorgesehen. Im Zuge dieses Systemausbaus sollen die Datenerfassung und
Ausstellung von Frachtbriefen, die Lagerverwaltung für große Stationen sowie
eine regionale Ausweitung der Eingangsstufe realisiert werden. Diese System-
Weiterentwicklungen münden schließlich in das geplante Frachtdaten-Verbundsystem (s. hierzu im einzelnen Kap. 4).

Ein Aufgabenschwerpunkt der Funktion 3 "Flugzeug" liegt bei dem ROD-
System[105], einem integrierten Informations- und Steuerungssystem des Be-
reiches Technik. Ziel dieses Systems ist es, bei technischen Mängeln bzw.
Beanstandungen an einzelnen Flugzeugkomponenten (z.B. nachlassende Leistung
eines Triebwerkes) die Ursachenanalyse durch Rückgriff auf bereits gemachte
Erfahrungen (z.B. Aufzeichnungen über Leistungsbesonderheiten eines bemängel-
ten Triebwerkes) zu unterstützen. Damit werden teuere Flugzeugliegezeiten,
Verspätungen und vorzeitige Umlaufteilewechsel reduziert. Für das Personal
in den Werkstätten bedeutet ROD eine beschleunigte Fehlersuche. Befunde an
ausgebauten Teilen sowie technischen Neuerungen werden einer zentralen
Datenbank[106] zugeführt. Derartige Informationen werden weltweit, dezentral
am Ort des Geschehens erfaßt (z.B. nach Auftreten einer Störung durch Eingabe
ins ROD-System bei einem Zwischen-Stop) und zentral verwaltet. Die Eingaben
erfolgen über lokale Terminals, die in das Lufthansa-eigene respektive SITA-
Netz eingebunden sind.

---

[105] ROD: Reliability Data On Demand. Eine ausführliche Behandlung von
ROD findet sich bei BARON, P.: Der neue A310: Generationswechsel
beim Airbus, Bild der Wissenschaft, 9 (1982), S. 56 - 67.
[106] Zu verstehen als eine Flugzeug-History-Datei.

Die Auswertung dieser Daten dient der Überwachung der technischen Zuver-
lässigkeit und damit der Erkennung von Fehlerschwerpunkten an Geräten und
Systemen. Sie unterstützt den Fachingenieur bei der Untersuchung etwaiger
Verbesserungen des Fluggerätes. Die Deutsche Lufthansa AG stellt darüber
hinaus die erfaßten Daten den Flugzeugherstellern für deren Analysen zur
Verfügung.

Eine weitere Komponente des ROD-Systems ist die Auftragsverfolgung, die
ebenfalls der Flugzeugwartung dient. Die Planung und Disposition der Ferti-
gungsvorbereitung wird mit Hilfe dieser Aufgabe rationalisiert und transpa-
rent gestaltet. Die Terminverfolgung sichert die Einhaltung vorgegebener
Arbeitsabläufe und ist wesentlich für die Qualität der Wartungsdurchführung.

Als Repräsentant der Funktion "Steuerung und Ordnung" kann das Schedule
Information System (SIS) dienen. Es bewirkt die Erfassung und Prüfung von
Flugplandaten nach Flugnummern und Rotationen (Flugzeugumläufe). SIS ist
als Online-Informationssystem ausgeführt. Dieses System ist bei Änderung
aktueller Flugplandaten (z.B. infolge besonderer Wettersituationen) in der
Lage, automatisch Fernschreiben für die betroffenen Unternehmungsbereiche
zu generieren.

Der Aufbau erfolgt auf der Basis von fünf Flugplanjahren. Daten aus SIS
werden zur Erstellung von Flugplanalternativen verwendet, der sich die
Bewertung im Rahmen der strecken- und angebotsbezogenen Langfristplanung
anschließt.[107]

Die in SIS geführten Flüge werden automatisch als formatierter "Scheduled
Clearance Request" gemäß "IATA-Standard Schedule Information Manual" [108]

---

[107] Siehe hierzu auch BECHER, G.: Planung im Luftverkehr. In: Handwörter-
       buch der Planung, hrsg. von Norbert Szyperski, Stuttgart, in Vorbereitung.
[108] Für jede Flugplansaison ist eine erneute Genehmigung der geplanten
       Flüge bei dem Flugplankoordinator der Bundesrepublik Deutschland
       erforderlich. Siehe auch Fußnote 86.

an die Aufgabe "Koordination Flughäfen und Überflug" geschickt [109]. Die
erforderlichenfalls aktualisierten SIS-Daten sind dann die Basis für eine
Weiterverarbeitung bzw. Abgabe von Flugplandaten in unterschiedlicher
Aufbereitungsform:

- Druckband für das Drucken der vornehmlich unternehmungsintern und bei
  den Reisebüros verwendeteten Arbeitsflugpläne

- Druckband für die Schreibung der Taschenflugpläne (mit Gesamt- bzw.
  regionalem Angebot)

- Magnetbänder für die externen Flugplandatenverwalter ABC und OAG[110]

- Datenabgabe an andere Luftverkehrsgesellschaften.

SIS ist eine Basis-Applikation, an die sich weitere EDV-Anwendungen
anschließen. Zu den wesentlichen Anwendungen, die u.a. auf SIS aufbauen,
gehört das Crew Management Sytem (CMS). CMS ist ein umfassendes
Planungs- , Dispositions- und Informationsssystem für den Flugbetrieb, das in
seinen wesentlichen Funktionen als Dialogsystem konzipiert ist.
Das System deckt einen Planungszeitraum von bis zu fünf Jahren ab. Es
beinhaltet die Planungsunterstützung und -verwaltung sogenannter
(unpersönlicher) Standardbesatzungsumläufe auf der Basis der im zentralen
Programm (der Steuerungs- und Ordnungsfunktion) verwalteten
Flugplanausgaben. Die für den Flugbetrieb relevanten personenbezogenen
Daten einschließlich persönlicher Einsatzpläne werden geplant und verwaltet.
Weiter erfolgt die Kontrolle und Betreuung der Besatzungsmitglieder an
aktuellen Einsatztagen bis schließlich hin zur Übernahme der Istdaten aus
dem Tagesverkehrsflugplan sowie der Weiterleitung der aktualisierten
Einsatzpläne zur Leistungs- und Gehaltsabrechnung (des Bordpersonals).

---

[109] Siehe hier auch die Fußnote 84 im Kapitel 3 zu den Scheduling-
       Aufgaben.
[110] ABC und OAG (Official Airline Guide) sind kommerzielle Firmen, die
       Flugplandaten verteilen. ABC mit Sitz in London konzentriert sich
       dabei im wesentlichen auf Europa, Fernost und Australien; OAG mit
       Sitz in Chicago verteilt vornehmlich auf dem amerikanischen
       Kontinent und Australien. Beide Firmen bieten über den Flugplan-
       Verteilungsdienst hinaus darauf aufbauende Dienstleistungen an.

Der traditionell batch-ausgerichtete Verwaltungsbereich ist durch Entwicklungen gekennzeichnet, die verstärkt auf die Ablösung bestehender
Verfahrensweisen durch Dezentralisierung und Online Dialogverarbeitung
abheben. Eine dezentrale 'computer-orientierte Bearbeitung von Aufgaben
des Rechnungswesens der Außenstellenorganisation' (COBRA) wird durch die
Ausstattung der ausländischen Lufthansa-Außenstellen mit Satelliten-Rechnern
verwirklicht. Daten von nur örtlicher Bedeutung werden so lokal gespeichert
und verarbeitet; an die Zentrale werden mittels Wählleitung und/oder Daten-
träger nur noch Rohbilanzdaten weitergegeben. Mit der stufenweisen Realisierung wurde begonnen.

Die deutschen Buchhaltungen werden dagegen auf ein zentrales Verfahren im
Online-Modus mit Anschluß an das IBM/Amdahl-System in Frankfurt im
Rahmen des Projektes OBACHT (Online-Buchhaltung auf CRT und Hardcopy-
Terminals) umgestellt. Damit wird die Führung der Stammdaten, die
Kontierung von Geschäftsvorgängen deutscher Außenstellen (außer Berlin),
die Kontierung der Finanzbuchhaltung und die Geschäfts- und Bilanzbuch-
haltung online bearbeitet. Auch hier ist eine mehrjährige, stufenweise
Realisierung vorgesehen.

Neben einer Umstellung des Rechnungswesens auf Online-Abläufe zeichnen
sich auch für den Finanzbereich i.e.S. DV-Neuerungen ab. Bei der Deutschen
Lufthansa AG werden derzeit Konzepte entwickelt, um die in den zahlreichen
Außenstellen sich jeweils aufbauenden Soll- bzw. Haben-Salden zeitnäher zu
beobachten und - sofern ein Zahlungstransfer möglich ist - zinsgünstig auszu-
gleichen. Für weltweit operierende Unternehmungen bieten die meisten der
international tätigen Banken moderne Finanzdienstleistungen, die sich der
Datenverarbeitung und neuer Möglichkeiten der Datenübertragung bedienen.
Es wird zu prüfen sein, ob es für eine Unternehmung wie der Deutschen Lufthansa AG zweckmäßig ist, derartige Cash-Management-Systeme oder sogar
den umfassenderen Bankenservice eines Electronic Banking zu nutzen.[111]
Soweit es einschlägige Anwendungen im Inland anbelangt, sind auch Nutzungs-
möglichkeiten auf der Basis Bildschirmtext in die konzeptionellen Überlegungen
einzubeziehen.

---

[111] "Wettlauf um Zinsen", Diebold Management Report Nr. 5/1983, S. 1-6.
HEINZ, M.: Ein Computer für Konten in aller Welt, Manager Magazin 4/84,
S. 178 - 185.

Als Zwischenresultat der bisherigen Betrachtungen zum Cash-Management-
System bzw. zum Electronic Banking zeichnet sich bereits ab, daß dieses
Service-Angebot von den partizipierenden Unternehmungen wahrscheinlich
nur dann mit hohem Nutzen aufgenommen werden kann, wenn es gelingt, die
meist von Banken (zunächst meist für Banken) entwickelten Systeme in die in
Unternehmungen vorhandene Systemumwelt des Finanz- und Rechnungswesens
hinreichend einzupassen. Da insbesondere Cash-Management-Systeme mit
der Planung und Steuerung von Zahlungsströmen befaßt sind, liegt es in der
Natur der Sache, daß diese Systeme schnittstellenintensiv sind. Um ein Cash-
Management-System oder um Electronic Banking mit der vorteilbringenden
Zeitnähe einsetzen zu können, sollten im Systemverbund ebenfalls Systeme
zur kurz- und mittelfristigen Liquiditätsplanung und -steuerung implementiert
sein. Diese Teilsysteme ihrerseits sollten sich zweckmäßigerweise auf einer
längerfristigen Planung (4 - 5 Jahre) abstützen (z.B. Kapitalbedarf- und
Deckungsplan). Dieser Langfristplan wiederum weist direkt auf Schnittstellen
zur Investitionsplanung sowie - für die Steuerung der Finanzstruktur der Unternehmung - zur Bilanzplanung (Planbilanzerstellung mittels DV) hin.

Ein vollintegriertes Finanzsystem setzt voraus, daß es gelingt, einen Systemverbund zwischen zahlreich vorhandenen, i.d.R. zunächst unabhängig von
einander entwickelten Teilsystemen und neu zu schaffenden Systemen herzu-
stellen. Die dargelegte Schnittstellen-Intensität hat Konsequenzen für die
einzusetzende Software als auch für die zu verwendende Hardware; Software
und Hardware müssen so vielseitig vorkonzipiert sein, daß sie die Realisierung
der einzelnen notwendigen Schnittstellen/Brücken zulassen.

3.2.2. Zeitliche Entwicklung der Aufgaben (1973 - 1982)

Die Bezugnahme zur Ermittlung der Aufgabenschwerpunkte auf die EDV-
Aufwendungen hat sich als pragmatisch und aussagekräftig bestätigt. Für die
differenzierte Analyse der zeitlichen Entwicklung ist der DV-Aufwand in die
Bereiche[112)

- **Entwicklung**   (Systemanalyse und Programmierung)
- **Produktion**   (Routinebetrieb der implementierten Aufgaben)

unterteilt worden.

Verfügbarkeit und Zuverlässigkeit der Datenverarbeitung in einer Luftverkehrsgesellschaft haben redundante Systemkomponenten als gewolltes Element. Dazu kommt die Netzstruktur aus der weltweiten Operation, die den
24-Stunden-Einsatz der Datenverarbeitung erforderlich macht. Entsprechend
hoch ist der Aufwand der Produktion gegenüber der Entwicklung.

Die Datenverarbeitung bei der Deutschen Lufthansa AG zeigt im Verlauf der
letzten 10 Jahre (1973 bis 1982) sowohl bei der Entwicklung als auch bei der
Produktion einen nahezu linearen Anstieg (vgl. Abb. 12). Dabei ist der Zuwachs in der Entwicklung höher; der Aufwand für Entwicklungen hat sich in
dem Betrachtungszeitraum mehr als vervierfacht. Der Produktionsaufwand
hat sich (bis 1980) nahezu verdoppelt. In den beiden Folgejahren konnten die
Sachkosten gesenkt werden, so daß sich die Zuwachsrate gegenüber 1973 auf
60 - 70 % verminderte.

Nachdem die luftverkehrsspezifische Funktion 1 "Passage/Fracht" i.w. intern
als Reservierungssystem entwickelt und implementiert (vor 1973) worden ist,
erzeugt diese - abgesehen von Maintenance-Aufwand - nur noch den
Produktionsaufwand. Er betrug 1980 etwa das Zehnfache des Maintenance-
Aufwands. Eine wesentliche Änderung tritt ab 1981 mit der Einführung neuer
Frachtaufgaben ein. Damit sinkt die Relation von 10 : 1 auf rund 4 : 1.

---

112) Organisatorisch entspricht dies der Differenzierung nach "Systemanalyse
      & Programmierung" und "DV-Betrieben" (s. Abschn. 2.2.). **Entwicklung**
      enthält auch die Pflege und Modifikation bestehender Aufgaben sowie den
      Test neuer Technologien.

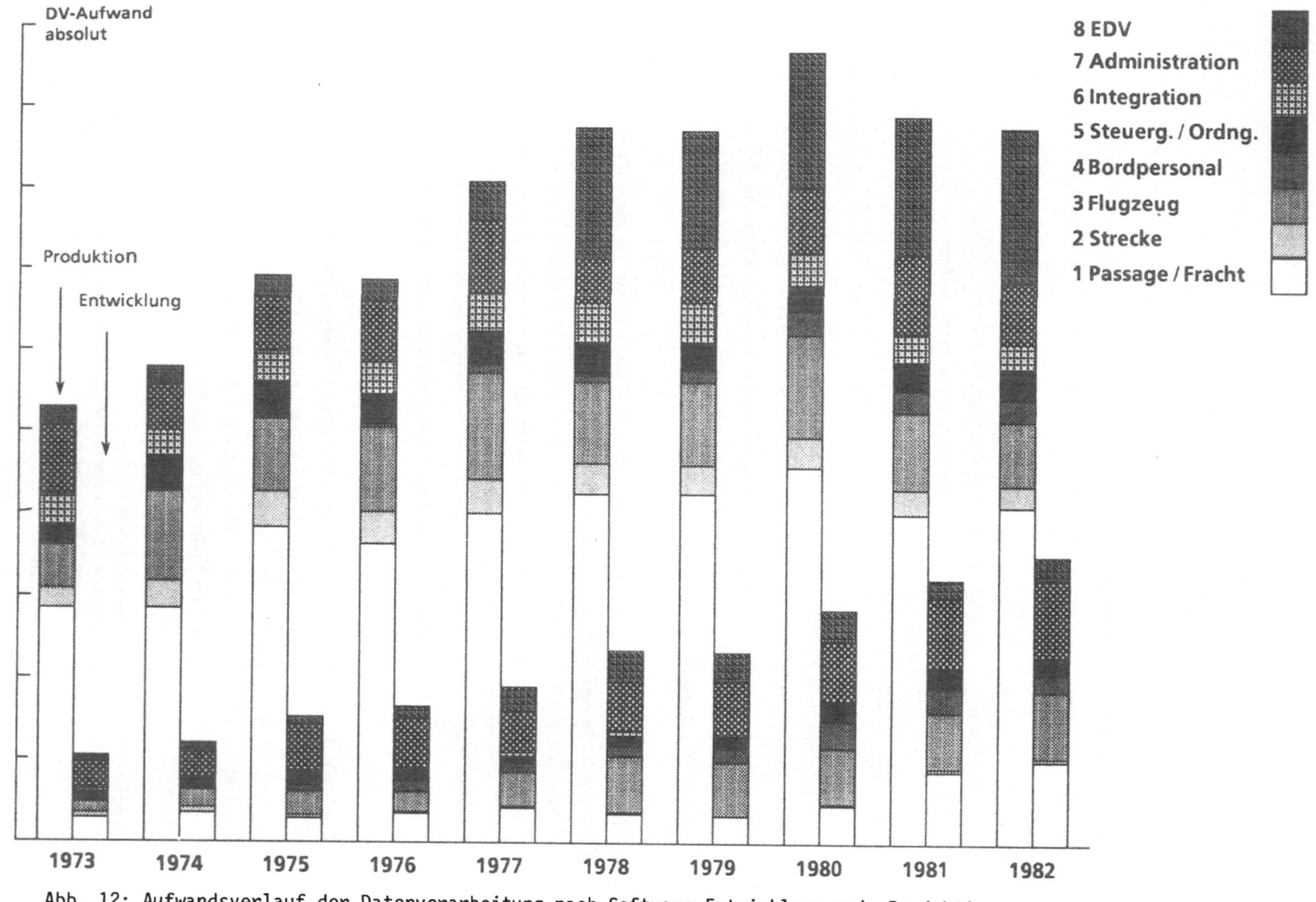

Abb. 12: Aufwandsverlauf der Datenverarbeitung nach Software-Entwicklung und -Produktion

Für die Funktion 3 "Flugzeug" sind Phasen forcierter Aktivitäten im Zeitraum 1973/76 und 1977/80 erfaßt. So wurde in der ersten Phase das ROD-System erheblich ausgebaut. In der zweiten Phase kamen neue Anwendungen im Bereich Materialwesen, der Materialbeschaffung und der Stammdatenverarbeitung dazu. In den Jahren 1981 und 1982 wurde die Auftragsverfolgung der Wartung eingeführt, woraus der erneute Anstieg der Entwicklungsaufwendungen resultiert.

In der auf die Software-Entwicklung bezogenen Aufwandsdarstellung ist die Hinwendung zu anderen Funktionen zu erkennen, deren Automatisierung den Service ausbauen und damit die Qualität des Leistungsereignisses erhöhen soll. Hierbei ist der relative (auf 100 % bezogene) Aufwandsanteil (Abb. 13) ein guter Indikator.

Einen kontinuierlichen Zuwachs hat es beispielsweise für die Funktion 4, Bordpersonal, gegeben. Bis 1976 ist hier die forcierte Entwicklung der Aufgabe "Besatzungseinsatz" verantwortlich, die 1978 in das Crew Management System überführt und ausgebaut wurde.

Typischerweise gibt es im Rahmen einer Projektentwicklung einen Aufwandsverlauf mit einem stetigen Anstieg bis zur Projekt-Fertigstellung. Danach sinkt der Aufwand auf ein weitgehend konstantes Niveau, wie dies für die folgende Aufgabenbetreuung charakteristisch ist. Der Aufwand verlagert sich sodann vom Entwicklungssektor auf den Produktionssektor. Prinzipiell ist davon auszugehen, daß diese Aufwandsverschiebung [113] etwa ein Jahr verzögert eintritt.

Der Vergleich des relativen Aufwandes für Entwicklung und Betrieb (Abb. 14) im Jahr 1982 zeigt deutlich branchenspezifische Merkmale. 46 % des Produktionsaufwandes (Betrieb) gehen in die Passagefunktion und weitere 15 % werden auf die anderen primären Leistungskomponenten verwandt. Der (Eigen-) Aufwand für die EDV (Funktion 8) ist zwar der zweitgrößte Anteil (aus einer abgegrenzten Einzelfunktion) an dem Gesamtaufwand der DV-Produktion, mit 22% aber sicher nicht überdimensioniert.

---

113) In der Regel werden neue Projekte stufenweise in die Produktion eingeführt, um Quellen möglicher Störungen der laufenden Produktion zu minimieren.

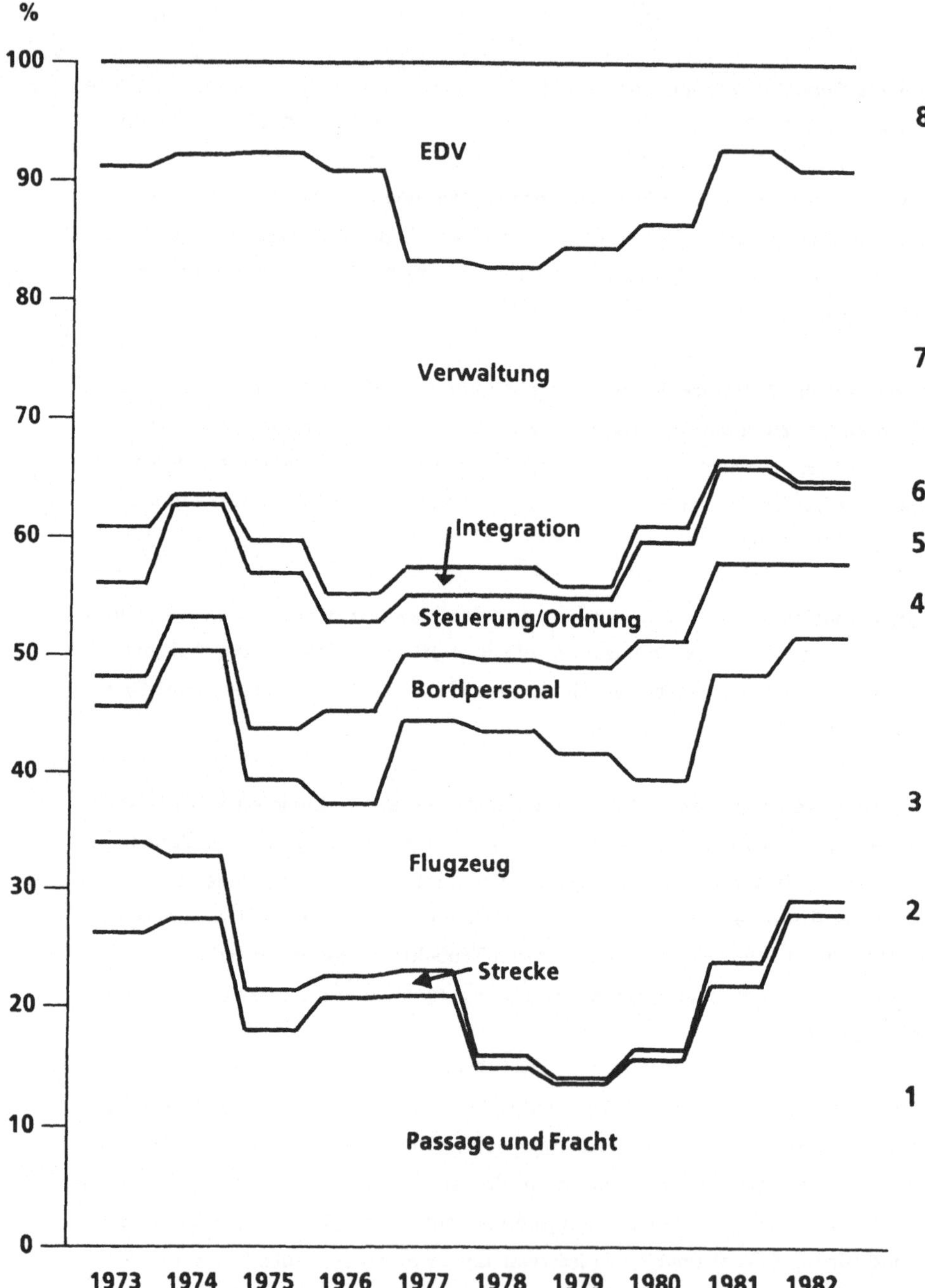

Abb. 13: Aufwandsanteile nach Funktionen

- insgesamt (100 %); S. 92

- ausgewählte Funktionen; S. 93
    (1) Passage & Fracht
    (3) Flugzeug
    (4) Bordpersonal

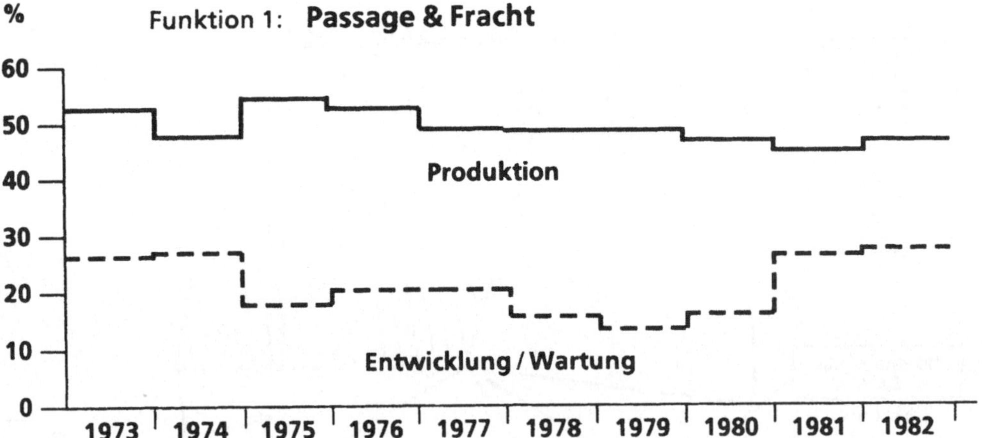
%
Funktion 1: Passage & Fracht
60
50
40
30
20
10
0
1973 1974 1975 1976 1977 1978 1979 1980 1981 1982
Produktion
Entwicklung / Wartung

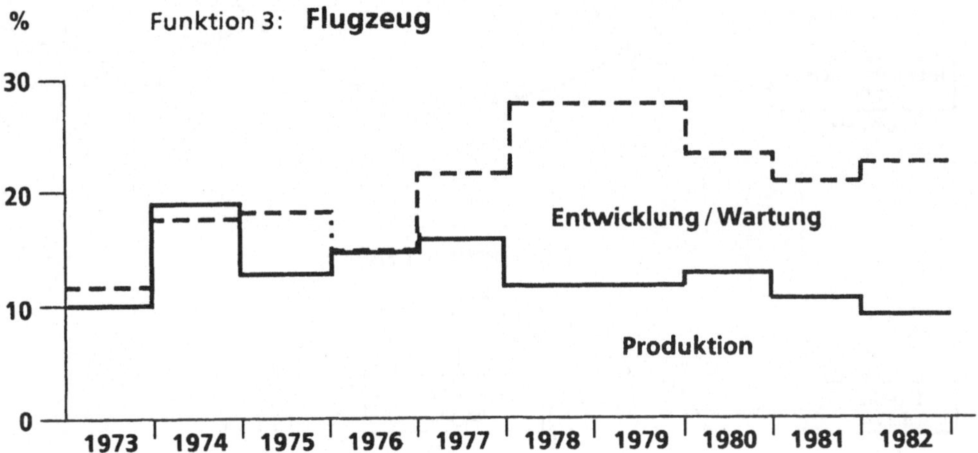
%
Funktion 3: Flugzeug
30
20
10
0
1973 1974 1975 1976 1977 1978 1979 1980 1981 1982
Entwicklung / Wartung
Produktion

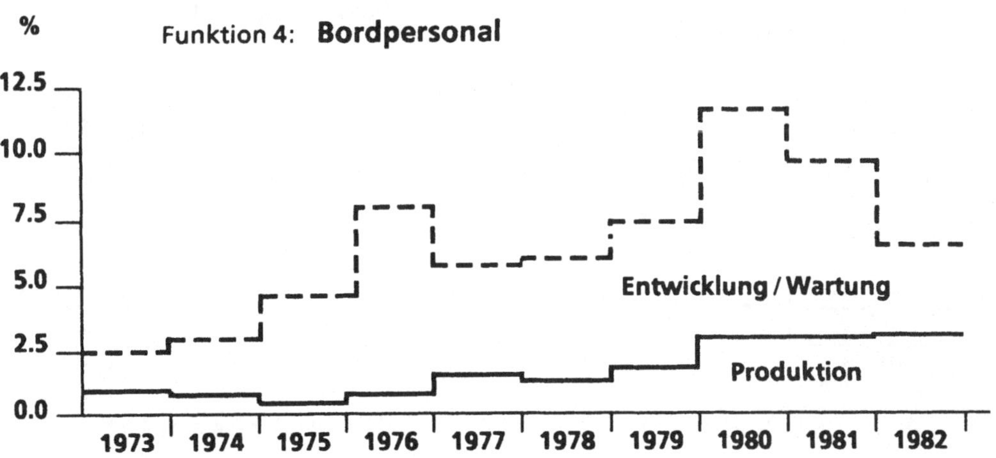
%
Funktion 4: Bordpersonal
12.5
10.0
7.5
5.0
2.5
0.0
1973 1974 1975 1976 1977 1978 1979 1980 1981 1982
Entwicklung / Wartung
Produktion

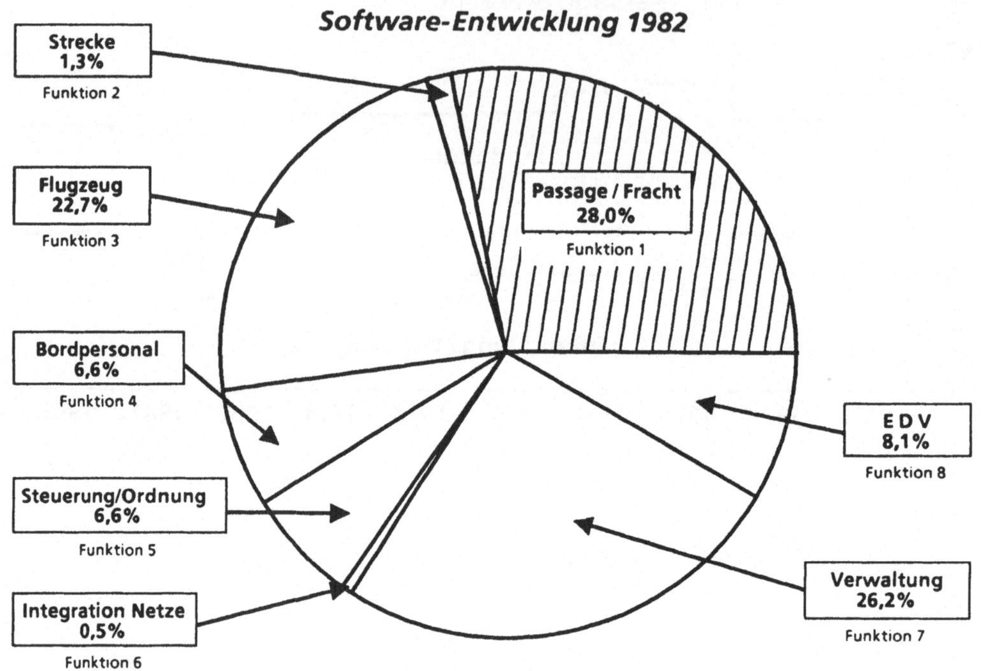

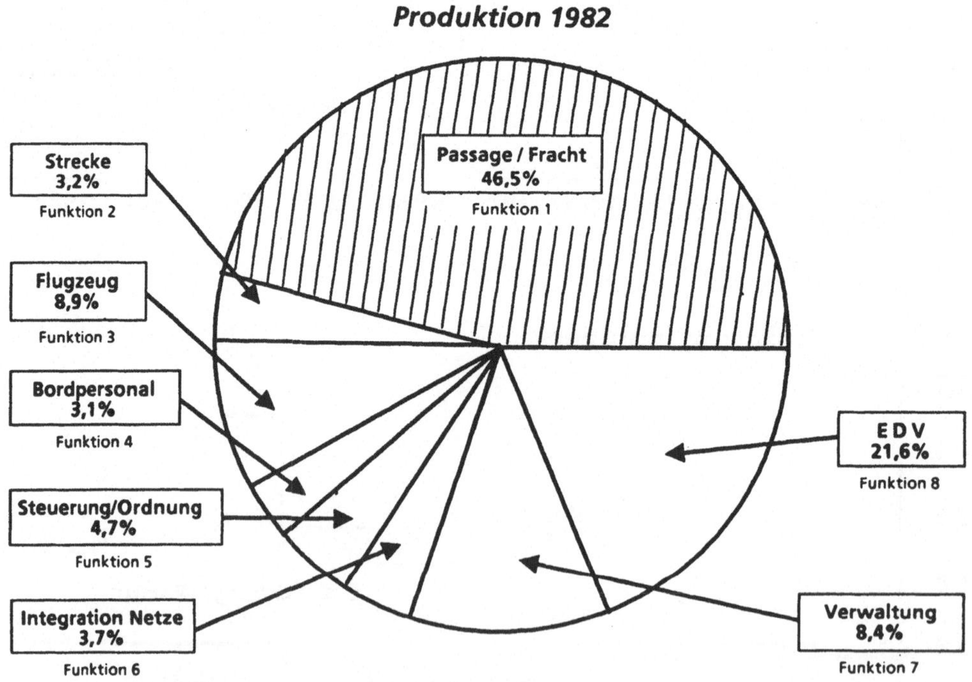

Abb. 14: Relativer Aufwand für Software-Entwicklung und Produktion je Funktion

Der Entwicklungsaufwand verteilt sich auf die einzelnen Funktionen relativ
gleichmäßig (Ausdruck einer "Konvoi"-Strategie[114]). Ausgenommen sind
lediglich zwei Funktionen. Die Funktion 2 "Strecke" ist DV-seitig quasi
fertiggestellt. Die Funktion 6 "Integration" (Raum und Zeit) ist demgegenüber
bis zu diesem Zeitpunkt seitens der Deutschen Lufthansa AG noch nicht
abschließend realisiert, was vor dem Hintergrund der allgemeinen technologischen Entwicklung zu interpretieren ist[115]. Integration stellt stets auf die
Verknüpfung von Systemteilen ab. Die technischen Möglichkeiten zur Herstellung solcher notwendigen Verknüpfungen werden in Zukunft durch die fortschreitende Schnittstellenstandardisierung sowie durch moderne Netz- und
Übertragungskonzeptionen zunehmen.

Angesichts der fortschreitenden EDV-Technologie[116] und nicht zuletzt wegen
wirtschaftlicher Gegebenheiten (z.B. Entwicklung des Preis-/Leistungsverhält-
nisses der Hardware, aber auch anderer für eine Luftverkehrsgesellschaft
gravierender Aufwandsblöcke: z.B. die Treibstoffpreise) wird sich zumindest
mittel- und langfristig eine deutliche Verschiebung in der Struktur der Funktionsabdeckung vor allem in Richtung Integration nach Raum und Zeit (Funktion 6) einstellen. Dazu gehört die Verstärkung der Kommunikationsverknüpfun-
gen über weltweite Netzwerke (wie u.a. mit SITA und START angesprochen)
und der Einsatz lokaler DV-Kapazitäten. Grundsätzlich gilt es dabei stets zu
überlegen, ob zweckmäßigerweise zentrale oder dezentrale, Lufthansa-eigene
oder externe Lösungen anzustreben sind.

Wie in Abschnitt 3.2.1. dargestellt wird z.Zt. die DV-Unterstützung der Funk-
tion 7 "Administration" i.w. mit den Projekten COBRA und OBACHT zur
Rationalisierung und Optimierung der Unternehmungsabläufe weiter ausgebaut.
Mit dem Projekt OBACHT einhergehend ist der Ausbau der Interline-Abrech-
nung und der Ausbau der Schnittstelle zum Integrierten Passage-System (IPS),
USAS*CARGO [117] und START.

---

[114] Konvoi-Strategie: Zur Erreichung und Verstärkung des Leistungsereignisses
sind begleitende Funktionen mit dedizierten Aufgaben definiert. Ihr gleich-
mäßiger Ausbau sichert die Homogenität des verbundenen Gesamtsystems.

[115] Siehe hierzu die Fußnote 101 bei den Aufgabenschwerpunkten in 3.2.1. Die
Aufwendungen z.B. für DIPS (Schaffung der Teilsystem-Integration im
Passage-Bereich), die anteilig dieser Funktion zuzuordnen sind, fielen
1982 noch nicht in spürbarem Maß an.

[116] Die Integration innovativer Technologien in das Konzept der Datenverarbeitung bei Lufthansa wird in Kapitel 4 erörtert.

[117] USAS*CARGO ist ein SPERRY Standard-Software-Paket für i.w. die
Frachtreservierung.

Die Funktionen 1 "Passage/Fracht" und 3 "Flugzeug" der primären Leistungskomponenten zusammen haben in der Entwicklung mit rund 50 % den Anteil,
den die Funktion 1 "Passage/Fracht" in der Produktion fast alleine inne hat.
Bereits heute sieht die Mittelfristplanung für die Lufthansa-Datenverarbei-
tung vor, daß die Passagekomponente um Zusätze der Frachtaufgaben erweitert wird. So sind Verbindungen des Lufthansa-eigenen Frachtsystems[118] zu
den Zollsystemen in Frankfurt und London, zum Lufthansa-Frachtsystem in
New York, zu Agentensystemen und zu DV-Systemen einzelner größerer Flughäfen vorgesehen (s. Kap. 4).

Die Funktion 3 "Flugzeug" hat mit 23 % den dritthöchsten Anteil am Entwicklungsaufwand, was die Luftverkehrs-spezifische Bedeutung dieser Funktion
gleichfalls unterstreicht. Auch in diesem Fall wird die nahe Zukunft einen
weiteren Ausbau bringen. Die Aufgabe "Reliability Data on Demand" (ROD:
vgl. im einzelnen Abschnitt 3.2.1.) ist 1981 in einer zweiten Ausbaustufe um
die Auftragsverfolgung erweitert worden und neue Systemverbindungen zu
anderen Anwendungen[119] des Bereichs Technik sind vorgesehen.

Die Entwicklungsverschiebung aus der Funktion 1 "Passage/Fracht" in die
anderen Funktionen verändert zeitverschoben die relativen Produktionsaufwen-
dungen (s. Abb. 15). 1973 hat die Funktion 1 "Passage/Fracht" über 53 % Anteil,
der 1982 auf 46 % zurückgegangen ist. Die Verlagerung ist vor allem durch
das Anwachsen der Funktion 3 "Bordpersonal" hervorgerufen worden. Der
Anteil der Organisationsfunktionen ist leicht gewachsen, interessant ist hier
aber die zusätzlich fast austauschartige Verschiebung zwischen den Funktionen 7
(Administration) und 8 (EDV). Dies ist eine Auswirkung der rapide fortge-
schrittenen EDV-Technologie, die mehr und mehr Aufgaben durch dedizierte
Systemkomponenten einer Automatisierung zugänglich gemacht hat. Allein
im Bereich der bei der Deutschen Lufthansa AG eingesetzten Zentraleinheiten
hat dies (1973-1982) zu einem Zuwachs der Leistung in den Datenverarbeitungsbetrieben 1 und 2 um den Faktor 8 geführt [120].

---

[118] Großcomputer beschleunigt Luftfahrt, Ingenieur Digest 19, 7 (1980), S. 14.
[119] Z.B. Übernahme von Geräteausbauinformationen aus dem Umlaufteile-
nachweis sowie Übergabe von Wartungsmaßnahme-Daten an die Trieb-
werksüberwachung.
[120] Gemessen in Instruktionsausführungsraten, summiert über die jeweils im
Datenverarbeitungsbetrieb 1 bzw. Datenverarbeitungsbetrieb 2 installierten CPUs. Diese Methodik ist marktüblich, wenngleich sie nichts über
die Produktivität der Systeme aussagt. Im Rahmen der Erörterung der
Systemtechnik ist bereits auf die Problematik des Verwaltungs-
Overhead hingewiesen worden.

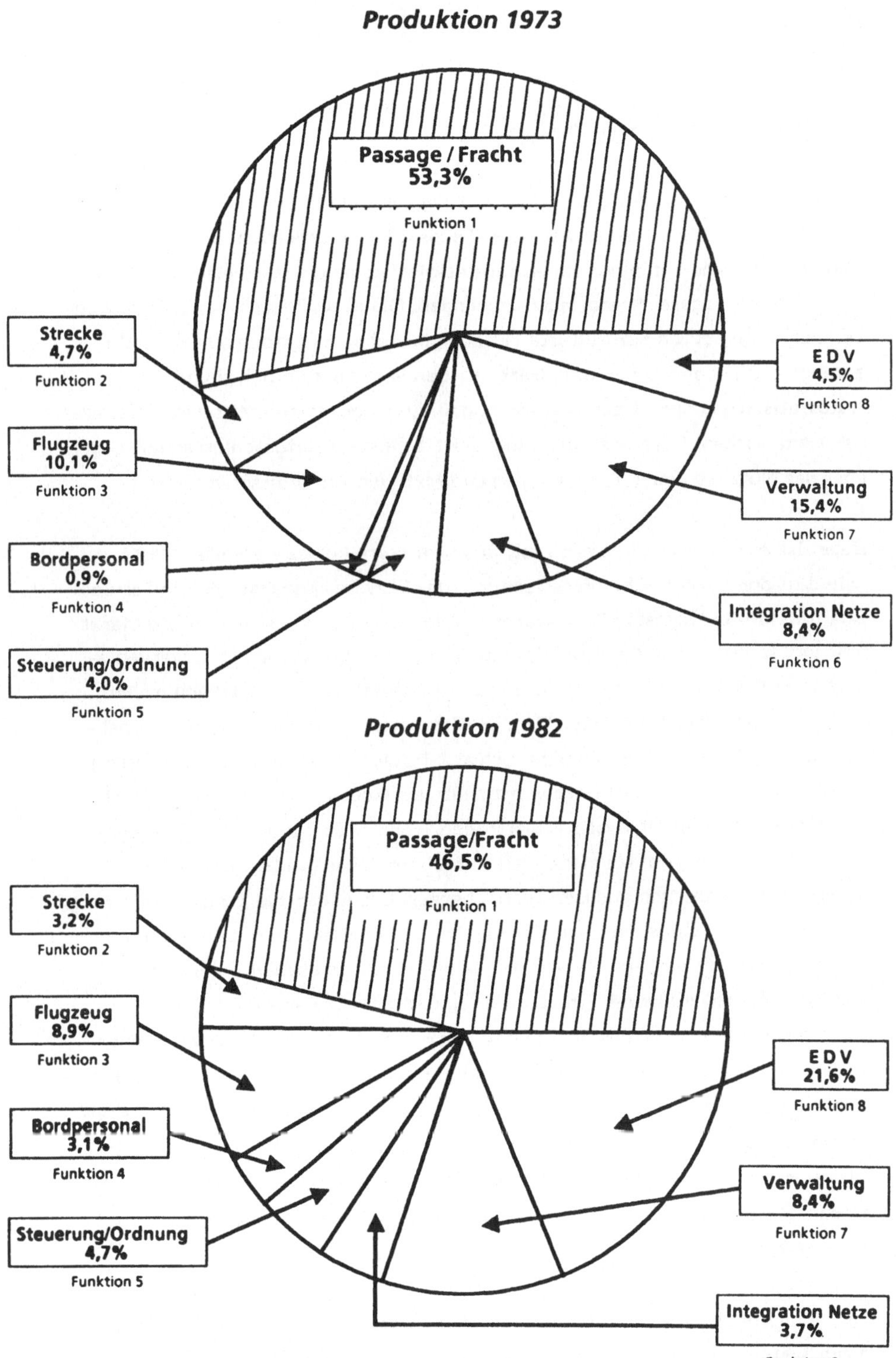

Abb. 15: Entwicklung des relativen Produktionsaufwandes je Funktion 1973 und 1982

4. Entwicklungstendenzen und Ausblick

Ein schneller Ausbau der Datenverarbeitung zur Ausfüllung und Unterstützung
der Funktionen einer Luftverkehrsgesellschaft ist erforderlich, um das
Leistungsereignis - in einer zunehmend stärker konkurrenzorientierten Umwelt -
weiterhin marktgerecht erbringen zu können. Dabei werden stärkere Aufgaben-
verknüpfungen durch verbreiterte Nutzung bestehender Informationsinhalte
erzeugt. Aufgaben werden erweitert, um den Service zu erhöhen und die
Automatisierung derart zu verstärken, daß die eingesetzten Mittel mit größerer
Effizienz wirken. Voraussetzung hierfür ist eine hohe Aufgeschlossenheit gegenüber der Nutzung neuer Technologien und Methoden im weitesten Sinne.

Dabei ist es in erster Linie das Ziel, in einem stark konkurrierenden Markt
(wie dem der Luftverkehrsdienstleistung) das Service-Angebot und die Service-
Qualität für die Kundschaft zu steigern. Dies erhält oder verbessert die Markt-
position, wodurch mittelbar die Arbeitsplätze der betreffenden Luftverkehrsgesellschaften sicherer werden. Diese Leistungsverbesserungen (nach außen)
schließen auch Erleichterungen für die Mitarbeiter der Luftverkehrsunternehmungen ein. In der Regel vollzieht sich mit fortschreitender Automatisierung
eine Entlastung der Mitarbeiter von monotonen Routinearbeiten, die nunmehr
dem Datenverarbeitungssystem übertragen werden. Es bilden sich anspruchs-
vollere Aufgabenkomplexe mit neuen Aufgabenschwerpunkten - etwa im
Bereich der Disposition und Beratung - heraus. Die neuartige Zusammenfassung
von Aufgaben im Zuge der Realisierung von Automatisierungsvorhaben macht
allerdings z.T. bislang bestehende Aufgabenstrukturen obsolet. Hierdurch
droht der Verlust einzelner Arbeitsplätze. Zum Schutz der Arbeitnehmer ist
durch geeignete Einzelmaßnahmen dafür Sorge zu tragen, daß Veränderungen
infolge einer technischen Weiterentwicklung in den Arbeitsbereichen sozial
tragbar bleiben. Hierfür sind verschiedene Betriebsvereinbarungen (z.B. Arbei-
ten an Bildschirmarbeitsplätzen) und Vereinbarungen zum Ausgleich sozialer
Interessen getroffen worden. Außerdem hat der Vorstand der Deutschen Lufthansa AG Leitlinien für eine ausgewogene Automatisierungsentwicklung der
Unternehmung formuliert und (intern) publiziert.

Auch sind die durch eine Aufgabenumstellung betroffenen Mitarbeiter etwa
durch Schulung auf die Veränderung in ihrem Arbeitsbereich vorzubereiten.

Grundsätzlich wird eine frühzeitige Vorbereitung der Mitarbeiter dazu beitragen, ggf. einer technischen Neuerung entgegenstehende Akzeptanzprobleme auszuräumen.

Darüber hinaus wird in jedem einzelnen, auf den Markt wirkenden Anwendungsfall durch geeignete Maßnahmen die Akzeptanz der Kunden und Geschäftspartner zu erlangen und sicherzustellen sein.

Bezogen auf die Luftverkehrsbranche lassen sich die z.Zt. absehbaren Entwicklungsschwerpunkte hinsichtlich der Realisierung einzelner Aufgabenkomplexe (resp. Funktionen) aus den bereits weiter oben zitierten ATW-Erhebungen entnehmen; in den Tabellen 11 sind in den Spalten PLAN und NO diejenigen prozentualen Anteile je Aufgabenkomplex ablesbar, die für eine zukünftige Realisierung noch in Betracht kommen.[121] Dabei ist erkennbar, daß eigentlich in allen Funktionsbereichen noch erhebliche Anstrengungen für eine Komplettierung der DV-Aufgabenunterstützung unternommen werden müssen. Ausnahmen bilden hierbei diejenigen Aufgaben, die bereits einen sehr hohen Realisierungsgrad (z.B. Reservations, Financial) erreicht haben oder die eine besonders hohe NO-Quote (z.B. Hotel Reservation, Car Rental, Cargo Control) aufweisen. Allerdings ist aus einem Vergleich der Tabellen 11.3 (ATW 1983) und 11.4 (ATW 1980) der Entwicklungsfortschritt herleitbar. Bei allen Aufgabenkomplexen haben sich die NO-Anteile vermindert, während sich die PLAN-Quoten z.T. unterschiedlich verhalten. Als "Wachstumsbereiche" (gem. Spalte PLAN) sind bezogen auf die 39 Luftverkehrsgesellschaften, die sich sowohl an der ATW-Studie 1980 als auch 1983 beteiligt haben, "Ticketing", "Hotel Reservation" und "Cargo Control" auszumachen; diese drei Aufgabenbereiche haben zwar 1983 gegenüber 1980 einen geringeren NO-Anteil, jedoch eine höhere PLAN-Quote. - Während die Aufgaben "Ticketing" und "Hotel Reservation" bei der Deutschen Lufthansa AG bereits realisiert sind, wird in Zukunft auch der Weiterentwicklung der Fracht-DV (vgl. "Cargo Control") ein besonderes Augenmerk zugewandt.

Bereits in Abschn. 3.2.1. sind im Zusammenhang mit der beispielhaften Darstellung einzelner Applikationsschwerpunkte Ausblicke auf die geplante weitere Aufgabenentwicklung bei der Deutschen Lufthansa AG gegeben worden. Die

---

121) Neuerungen im Bereich bereits realisierter Aufgaben schlagen sich in der vorliegenden Auswertung nicht nieder.

dort genannten Systeme werden weiter ausgebaut und komplettiert. Es wird
jedoch in den folgenden Jahren erforderlich sein, über die exemplarisch genannten Anwendungen hinaus weitere Aufgabengebiete systematisch zu erschließen.
Dies bedingt neben der grundsätzlichen Aufgeschlossenheit gegenüber einem
derartigen Vorgehen auch die Verfügbarkeit von Methoden, die in die Lage
versetzen, die wichtigsten Entwicklungslinien aufzuzeigen. Im Hause der
Deutschen Lufthansa AG wird durch eine DV-Rahmenplanung und durch einen
auf Direktorenebene installierten Lenkungsausschuß 'Automatisierung' organisatorisch sichergestellt, daß die zukünftige DV-Entwicklung der Unternehmung
in den gewünschten Bahnen sowie in der notwendigen Geschwindigkeit nach
bestimmten Prioritäten möglichst gleichmäßig ('Konvoi-Prinzip'; s. Fußnote 114)
verläuft.

Neben den in Abschn. 3.2.1. angesprochenen Anwendungen des administrativen
Bereichs (dort: COBRA, OBACHT, Finanzsystem/Cash-Management-System/
Electronic Banking) werden in den nächsten Jahren insbesondere die DV-Systeme
auf dem Einsatzgebiet der Unternehmungs-Planung und -Steuerung, des Konzern-
berichtswesens sowie der Personalverwaltung[122] weiterzuentwickeln sein.
Darüber hinaus ist es wichtig, die Datenbasis administrativer Anwendungen
zu verbreitern, den Datenzugriff zwar durch eine kontrollierte Zugriffs-
systematik zu ordnen, jedoch insgesamt flexibler zu gestalten und die Abstimmung der Daten nicht nur auf der syntaktischen sondern auch auf der
semantischen und pragmatischen Informationsebene fortzuführen.

Das Integrierte Passage-System (IPS)[123] ist ein weiterer Repräsentant der
mittelfristigen DV-Planung bei der Deutschen Lufthansa AG. Als datenlogische
Voraussetzung für IPS steht DIPS (Datenverband im Passage-System)[124].

Mit Hilfe von DIPS werden die Automatisierungsvorhaben im Passage-Bereich
von der DV-Seite her vorbereitet. Mit IPS könnten weitgehend Selbstbedienungs-
automaten für den Kunden verfügbar sein. Die generelle Entwicklungstendenz
geht dabei zu einem dezentralen Rechner- und Automaten-Verbund. In diesem

---

122) Zum Begriff und Entwicklungsstand auf dem Gebiet der Personalinformationssysteme siehe im einzelnen aktuell und die dortige Synopse
"Personalinformationssysteme - Chaos oder Ordnung", Wirtschaftswoche
Nr. 1/2 v. 6.1.1984, S. 33-43.
123) IPS wurde als Konzeption bereits in Fußnote 101 in Punkt 3.2.1. angesprochen.
124) DIPS wurde als Aufgabenschwerpunkt der Passage-Funktion in Punkt 3.2.1
erörtert und im einzelnen dargestellt.

Verbund könnten z.B. auf einem Flughafen (Station) eine Reihe bestimmter
Stations-Automaten installiert sein: Flugauskunftsautomaten, Flugschein-Ver-
kaufsautomaten, Abfertigungsautomaten für Passagiere und für Gepäck, Ein-
steigeautomaten sowie sonstige Verkaufsautomaten. In der systemtechnischen
Konsequenz werden damit die Zentralsysteme und Datenübertragungswege
entlastet. Die größere Nähe zum Kunden bringt verkürzte Reaktions- bzw.
Antwortzeiten z.B. bei der Abfertigung. Die Systemzuverlässigkeit wird durch
die ausgebaute Verbund-Redundanz weiter erhöht, wodurch (komplette) Systemausfälle weitgehend ausgeschlossen werden können.

Das Prinzip der Redundanz findet naturgemäß seine extremste Ausprägung im
Einsatz von Datenverarbeitungstechnologie im Cockpit. An der Spitze der
Entwicklung steht auch hier der Airbus A 310, dessen Flugwegrechner[125] in
gemeinsamer Arbeit von Airbus Industrie, SPERRY, Lufthansa, Swissair und
KLM entwickelt wurde.[126] Außerdem enthält der A310 - dies sei als weiteres
Beispiel für DV-Anwendungen im Fluggerät angeführt - ein in das Flugzeug
integriertes Datenerfassungssystem (AIDS - Aircraft Integrated Data System),
das eine große Zahl von Leistungsdaten der Triebwerke und Systeme während
des Fluges aufzeichnet und dadurch die Wartung und Instandhaltung des A310
unterstützt.

Auch im Frachtsektor ist die Notwendigkeit für ein in sich geschlossenes
Frachtinformationssystem klar erkennbar[127]. Dies ist eigentlich im Vergleich
zum Passagebereich in einem viel größeren Maße erforderlich, da Frachtstücke
sich bei ihrem Transport nicht wie Fluggäste aktiv[128] verhalten. Die Frachtstücke werden auf ihrem Transportweg durch einen Dokumentenfluß (z.B.
Luftfrachtbrief, Zollpapiere) begleitet. Eine besondere Bedeutung haben die

---

[125] HACH, S.P.; HELDT, P.H.: Das Cockpit des Airbus A 310, Spektrum der
Wissenschaft, März 1984, S. 38-52.

[126] Siehe auch HANNA, R.F.: A Cockpit View of Advanced Airline Avionics
with Integration of Air-Ground Communications. In: Telecommunications
and Data Processing in the Air Transport Industry, Proceedings of the
SITELCOM 82 Conference, S. 147-158.

[127] Zu den einschlägigen Aktivitäten der IATA siehe SCHÖNING, H.: Fracht-
automation - vorrangiges Thema für die IATA, Verkehr, Wien, vom
3.2.1984. "Vordringliches Thema: Frachtautomation Cargo Services
Conference tagt in Hongkong", Fracht Dienst, März 1984. Ferner
SCHÖNING, H.: Luftfracht-Steuerung durch Computer, Fracht Dienst,
März 1984.

[128] Fluggäste können z.B. im Falle von eingetretenen Ablaufstörungen selbst
umdisponieren oder sich durch das Personal einer Luftverkehrsgesellschaft dabei unterstützen lassen und auf diese Weise - aktiv - zur
Störungsbehebung beitragen.

Frachtdokumente außerdem dadurch, daß sie aus rechtlicher Sicht beim Vollzug des Eigentumübergangs eine wichtige Rolle spielen.

Ein Frachtverbund wäre nicht nur in der Lage, die Papiermenge der zu verwaltenden und mitzuversendenden Frachtdokumente zu reduzieren, sondern darüber hinaus die Frachtversendung generell schneller und effizienter zu gestalten.

Gerade bei der derzeit festzustellenden Entwicklung der Frachtnachfrage (+ 16 % Fracht-t 1983 vs. 1982) ist die Steigerung des Mengendurchsatzes des Frachtgesamtsystems ein unerläßliches, weil letztlich vom Markt diktiertes Ziel.

Das Frachtdaten-Verbundsystem ist modular aufzubauen und unterstützt mit seinen Funktionen

- die Frachtreservierung (weltweit),

- die Frachtabfertigung, incl. Umlaufkontrolle der Lademittel, Erstellung von Abfertigungsreports und Erfassung von Fracht-Tracingdaten,

- die Frachtdisposition,

- die Lagerverwaltung und Lagersteuerung (z.B. im LCC/Lufthansa Cargo Center, Frankfurt),

- die Erstellung von Frachtdokumenten.

Es sind hierfür die funktionellen und datenbanktechnischen Grundlagen für einen Datenaustausch mit

o internen Systemen, u.a.

- Frachtabfertigung im LCC

- Weight and Balance

- Verkehrssteuerung

- Lufthansa-Frachtabrechnung

und

o externen Systemen (s. Abb. 16), u.a.

- Agentensysteme

- Airlinesysteme (OAL-Systeme, aber auch Lufthansa-eigene, regionale Frachtsysteme, z.B. in USA und Großbritannien/ London)

- Flughafensysteme

- Zollsysteme (z.B. ALFA)

- Systeme von Handlinggesellschaften

zu schaffen.

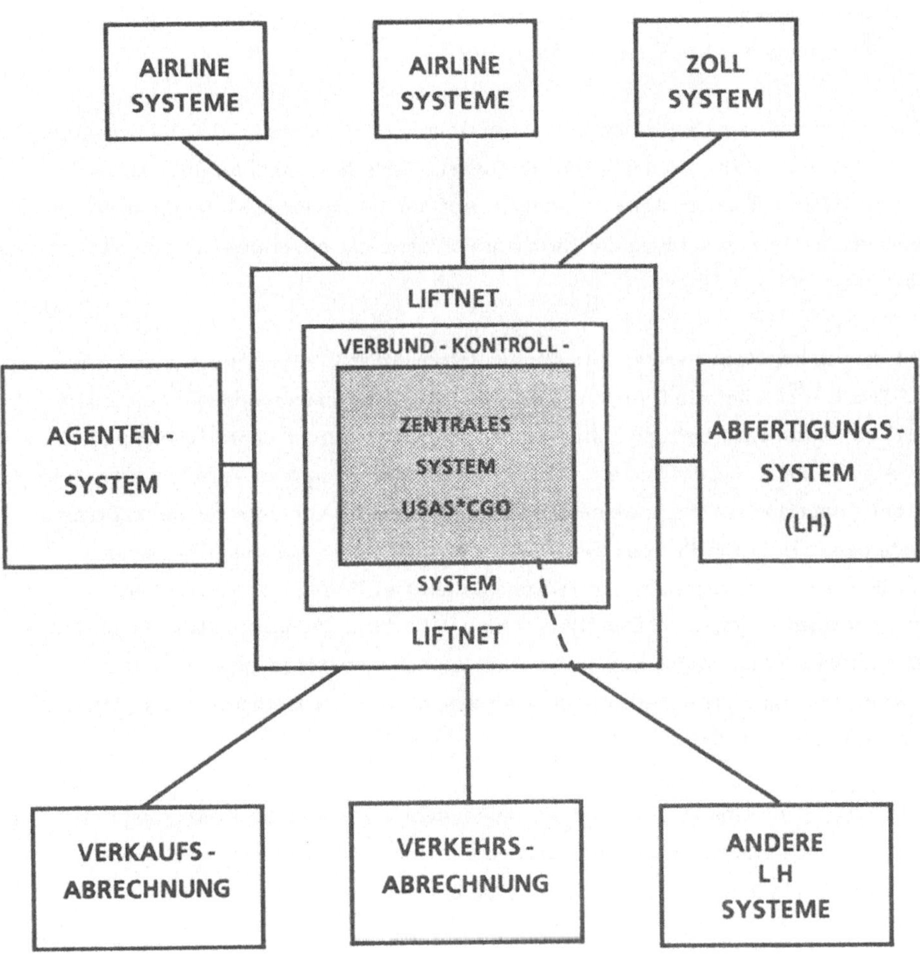

Abb. 16: Die Partner im Lufthansa-Frachtdaten-Verbundsystem

Da im Rahmen des herzustellenden Frachtdaten-Verbundsystems vorhandene sowie
neu zu implementierende und darüber hinaus interne sowie externe Teilsysteme
zusammenzufassen sind, ist die herbeizuführende Problemlösung durch ihre
Schnittstellenintensität gekennzeichnet. Es wird darum gehen, auf der Basis
etablierter oder ggf. neu zu vereinbarender Standards den vielgestaltigen
Schnittstellenanforderungen genüge zu tun.

Zur Zeit ist bei der Deutschen Lufthansa AG ein Projektteam mit der Zielsetzung
tätig, bis Mitte 1984 ein umfassendes Konzept für ein - wie oben skizziertes -
Frachtdaten-Verbundsystem vorzulegen. Auf der Basis dieser Konzeption soll sodann die Weiterentwicklung der Lufthansa-Fracht-Datenverarbeitung sukzessive
vorangebracht werden.

Mit dem in der Realisierung befindlichen Integrierten Datenvermittlungs-Netz
LIFTNET [129] trägt die Deutsche Lufthansa AG der zunehmenden Dezentralisierung der Datenverarbeitung (-sfunktionen) in den achtziger Jahren Rechnung
(s. Abb. 17). Mit diesem System wird der Anwender von _einem_ Terminal an seinem
Arbeitsplatz aus auf Programme zugreifen können, die von verschiedenen Zentral-
systemen (z.B. SPERRY oder IBM/AMDAHL) bearbeitet werden.[130] Darüber
hinaus wird der Datenaustausch zwischen allen an LIFTNET angeschlossenen
DV-Systemen ermöglicht. Der DV-Verbund wird durch kommunikationstechnologi-
sche Entwicklungen gefördert, wobei ein wesentlicher Ausgangspunkt in der
Erweiterung der Hardwaremöglichkeiten sowohl bei Microcomputern als auch bei
den Großrechnern liegt.

LIFTNET ist in seinen Leistungsmerkmalen nicht allein auf die Abdeckung des
Kommunikationsbedarfs, der sich aus den Passage-Systemen ergibt, ausgelegt,
sondern wird in gleicher Weise die Belange der Fracht-Systeme (s. oben) erfüllen.

---

[129]   LIFTNET: Lufthansa Integrierendes Informations-Transport-Netzwerk
(engl.: Lufthansa _I_ntegrated _F_uture _T_ransport _N_etwork).

[130]   Z.Zt. sind einige Arbeitsplätze mit mehreren Terminal unterschiedlicher Hersteller ausgestattet. Über diese verschiedenen Endgeräte
besteht der Zugriff auf nur bestimmte Netz- und Systemteile. Die
Konsolidierung der Peripherie durch LIFTNET verbessert die Mensch-
Maschine-Schnittstelle, womit auch Arbeitserleichterungen verbunden sein
werden.

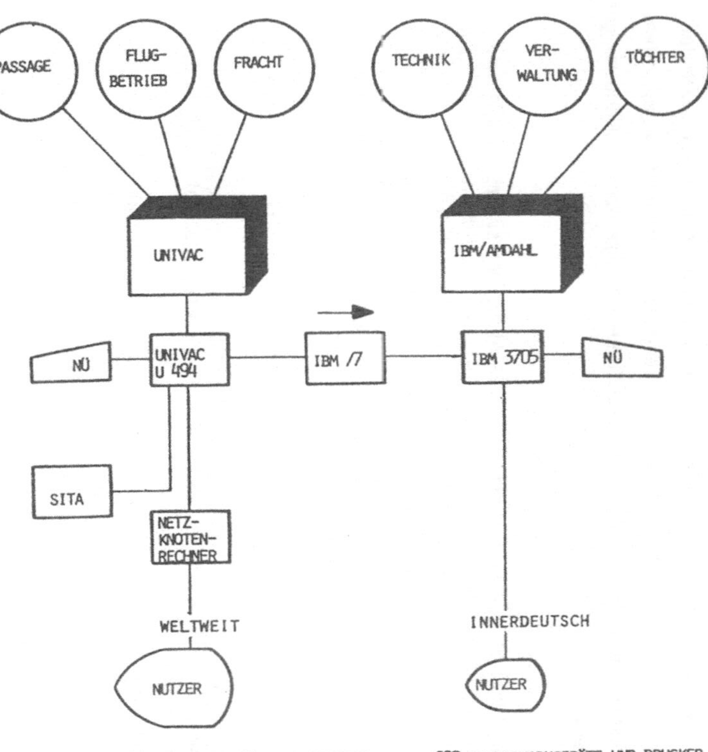

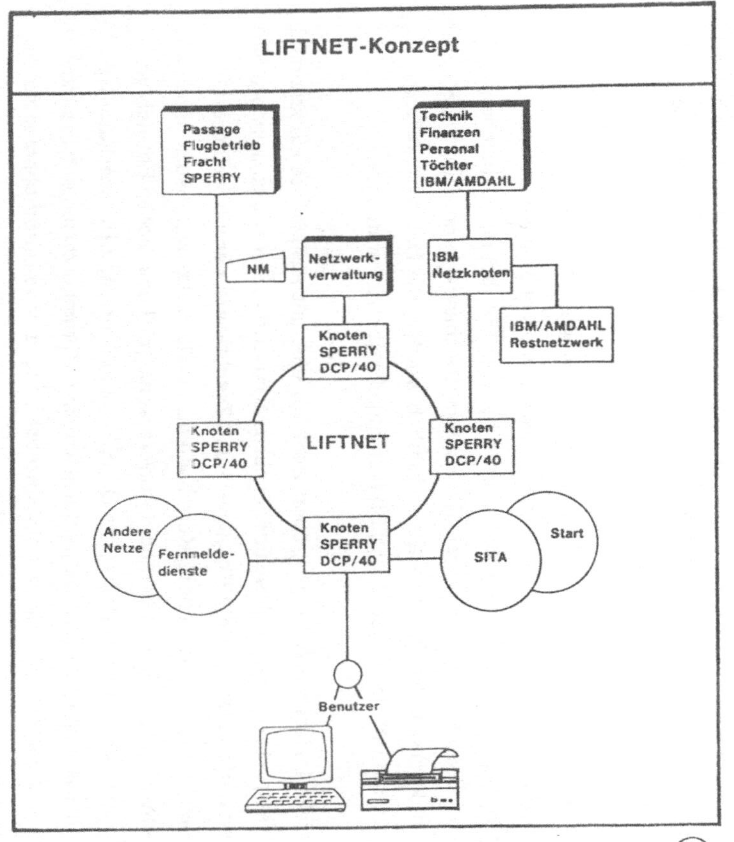

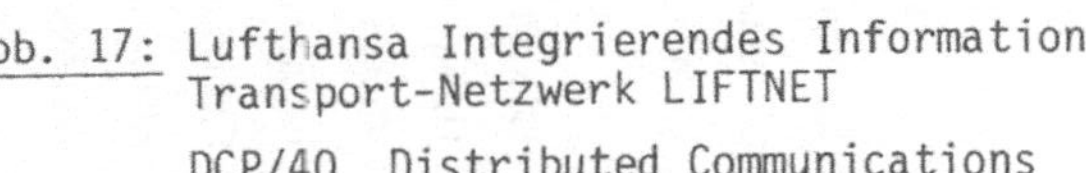

Abb. 17: Lufthansa Integrierendes Informations-Transport-Netzwerk LIFTNET

DCP/40 Distributed Communications Processor (SPERRY)

Das Zusammenwachsen von Datenverarbeitung und Textverarbeitung zu umfassen-
den Informationssystemen wird in der Entwicklung von Anwendungssystemen
ebenfalls neue Schwerpunkte setzen.[131]

Es ist vorgesehen, ein weltweites intelligentes Netzwerk mit erweiterbarer
Funktionalität zu schaffen. Darin werden die herstellerabhängigen Betriebs-
arten[132] integriert sein. Für die Bürokommunikation[133] bei der Deutschen
Lufthansa AG wird mittelfristig der Einsatz von Breitband-Kommunikationsnetzen
in Betracht kommen. Hierdurch wird es möglich werden, die Daten- und Textkommunikation mit der Sprach- und Bildkommunikation zu verknüpfen.

Die Deutsche Lufthansa AG legt großen Wert auf eine gut ausgebaute Kommunika-
tions-Infrastruktur. Schnelligkeit und Sicherheit im Luftverkehr, insbesondere bei
einem weltweiten Netz für die Passagier- und Fracht-beförderung, erfordern eine
entsprechend schnelle und sichere Kommunikation. Sie stützt sich heute neben dem
Fernsprechverkehr am Boden und dem Funkverkehr im fliegerischen Bereich vor
allem auf den Fernschreibverkehr, die Datenkommunikation, z.B. innerhalb des
Reservierungssystems und für die papiergebundene Kommunikation auf das innerbe-
triebliche Luftpostnetz. In einem Piloteinsatz[134] sind neue Bürotechnologien der
Textkommunikation auf der Managerebene innerhalb der Deutschen Lufthansa AG
erprobt worden. Die gewonnenen Erfahrungen zeigen eine deutlich positive Be-
nutzer-Akzeptanz und lassen Effizienzsteigerungen namentlich im Bereich der
Bürosysteme erkennbar werden.[135] Darüber hinaus ist auch deutlich geworden, daß
diese technologischen Weiterentwicklungen aufbau-organisatorische Anpassungen
nachsichziehen.

---

131) Siehe hierzu SCHMITZ, P.; SZYPERSKI, N.: Organisatorisches Instru-
      mente zur Gestaltung von Informations- und Kommunikationssystemen in
      Unternehmungen, Angewandte Informatik 7, 1978, S. 281-292.
132) Hersteller (wie SPERRY oder IBM) bauen in der Regel anwen-
      dungsorientierte Betriebsarten für z.B. Bildschirm-Dialogverar-
      beitung auf ihrer speziellen Standardsoftware auf, die zudem auf die
      herstellereigene Hardware ausgerichtet ist.
133) Siehe SCHMITZ, P.; SZYPERSKI, N.; HÖRING, K.: Bürokommunikation.
      Bezugsrahmen und Perspektiven der Anwendungen, Office Manage-
      ment 6, 1983, S. 504-509.
134) Schwachstellen werden aufgehoben. Ein Schritt auf dem Wege zur Büro-
      automation bei Lufthansa, Die Computer-Zeitung, 6. Juli 1983, S. 8.
135) HÖRING, K.; SPENGLER-RAST, Ch.: Elektronische
      Bürokommunikation im praktischen Einsatz, Baden-Baden 1983.

Generell sieht die heutige Technologie einen wesentlichen weiteren Entwicklungs-schritt (nach seit wenigen Jahren als 'neues Medium' angebotenen Local Area Networks - LAN) in digitalen Telefonnebenstellenanlagen, die in naher Zukunft Sprache und Daten, Text und Bilder zusammen über dieselbe Kupferleitung transportieren und unabhängig voneinander vermitteln können.[136]

In Japan ist bereits ein 'Informations Network System' (INS)[137] in der Er-probung. INS ist ein digitales Netz, bei dem die Glasfaser als Übertragungs-medium dient. In diesem Netz können praktisch alle bestehenden und zukünfti-gen Telekommunikationsdienste abgewickelt werden. Dabei spielt es keine Rolle, wenn Datenendgeräte wegen unterschiedlicher Betriebstechnik voneinan-der abweichen. Wesentlich vereinfacht werden dadurch z.B. der Zugriff auf Datenbanken und die Tarifgestaltung beim Datentransport.[138]

Mit Sicherheit werden diese evolutionären Entwicklungen Auswirkungen auf das Benutzerverhalten haben. Dies ist Gegenstand einer zweijährigen Studie von HILTZ und TUROFF[139] am Beispiel eines Electronic Information Exchange System (EIES)[140]. Die Benutzer des Systems sind nach einer 18-monatigen Arbeit mit den im EIES angebotenen Kommunikationsformen zu einer Bewer-tung der Brauchbarkeit einer Reihe von Systemkomponenten aufgefordert worden. Die Akzeptanz des Systems war bei den Benutzern sehr hoch, speziell im Bereich der Gruppen- und Individual-Konferenzen. Dabei hat sich eine deutliche Proportionalität von Akzeptanz und Erfahrung ergeben. Die wachsende Erfahrung führt aber auch zur Forderung nach Ausbau und Inte-gration neuer Kommunikationselemente.

---

[136] HÖRING, K., BAHR, K., STRUIF, B., TIEDEMANN, Ch.: Interne Netz-werke für die Bürokommunikation. Heidelberg 1983.

[137] TETZNER, K.: Telekommunikation in Japan: Auf dem Weg ins Jahr 2000, Funkschau 4 (17. Febr.) 1984, S. 47-49. Siehe auch EVERS, R.: Kommunikationstechnologie, Handelsblatt vom 23.11.1983.

[138] Bezgl. vergleichbarer Überlegungen in der Bundesrepublik Deutschland mit ISDN sei auf Fußnote 153 hingewiesen.

[139] HILTZ, S.R.; TUROFF, M.: The Evolution of User Behavior in a Computerized Conferencing System, Comm. ACM 24, 11 (Nov. 1981), S. 739 - 751.

[140] EIES integriert vier Kommunikationssysteme: Messages, Conferences, Notebook, Directory.

Damit wird belegt, daß einfache Nachrichtenvermittlungssysteme allein nicht geeignet sind, die Bedürfnisse intensiver und regelmäßiger Benutzer automatisierter Kommunikationssysteme zu befriedigen. Computer Mail ist zwar als wirtschaftlich beim Einsatz auf der Management-Kommunikationsebene gewertet worden. Da jedoch eine Analyse ergeben hat, daß die meiste Zeit des Spitzenmanagers auf geplante Besprechungen verwandt wird, bezieht sich die Forderung für die Zukunft eher auf automatisierte Konferenz-Systeme[141].

UHLIG[142] geht in seiner Einschätzung der Entwicklung sogar noch weiter: "In den nächsten 50 Jahren werden Computer Based Message Systems (CBMS) auf die Geschäftswelt mehr Einfluß ausüben, als das Telefon während der letzten 100 Jahre." Dies kann erhebliche Rückwirkungen auf den Luftverkehr haben; bisher gibt es allerdings - soweit erkennbar - keine Untersuchung, die dies konkret belegen würde. Die Entwicklung wird von der Deutschen Lufthansa AG durch aktive Mitarbeit bei den entsprechenden Pilotprojekten der Deutschen Bundespost[143] beobachtet. Bereits im Frühjahr 1983 sind in einer Erprobung Möglichkeiten und Grenzen heutiger Videokonferenz-Einrichtungen untersucht worden. Die Deutsche Lufthansa AG hat dabei die INTELMET-Einrichtung[144] der Intercontinental Hotels in einer Konferenz zwischen Teilnehmern in London und New York testweise genutzt.

---

141) IBM Raleigh (North Carolina, USA) hat ein Teleconferencing-System realisiert, das sich sehr rasch als wirtschaftlich erwiesen habe (Persönliche Mitteilung, 1982).

142) UHLIG, R.P.: Human Factors in Computer Message Systems, Datamation 23, 5 (May 1977), S. 120 - 126.

143) Im Rahmen der Internationalen Funk-Ausstellung in Berlin (im September 1983) hat die Deutsche Bundespost Videokonferenz-Demonstrationen zwischen Berlin, Frankfurt und Hamburg durchgeführt. Die Deutsche Lufthansa AG ist bei dieser Erprobung beteiligt gewesen.

144) Die International Hotels Corporation (IHC) unterhält ein Exklusivabkommen mit der Communications Satellite Corporation (COMSAT) über die Entwicklung eines internationalen Telekonferenzdienstes via Satellit. Der Start des IHC-Dienstes erfolgte Anfang 1983 zwischen London und New York. - Hilton errichtet 1984 zusammen mit AT & T in den USA ein Videokonferenznetz mit zunächst 35 Konferenz-Studios.

Die Automatisierungsüberlegungen im IPS-Konzept (s.o.) erfahren prinzipielle
Unterstützung in den Untersuchungen von PECHURA[145] über Microcomputer.
Sie seien heute schon so preisgünstig auf dem Markt verfügbar, daß der
nächste logische Schritt machbar werde, ihre Computerleistung lokal nutzbar
zu machen. Sie werden Teil eines integrierten, weitverzweigten Netzwerks
von DV-Systemen, wobei jeder Knoten eines derartigen Netzes signifikante
Verarbeitungskapazitäten hat.

Auch bei PECHURA wird das Konzept der Back-End-Database diskutiert:
Datenbanken werden zum dezentralen Microcomputer transferiert, auf den
dann direkt von den angeschlossenen Terminals zugegriffen wird, statt über
Leitungen auf ein zentrales Großsystem. Es bestätigt die Aussage[146], daß
ein Back- End Data Base Management (DBMS) den Durchsatz einer hochbe-
lasteten Zentrale verbessern kann, sofern das Back-End System multi-programm-
fähig[147] ist, der Zugriffspfad mit Hochgeschwindigkeit arbeitet und eine
hinreichend hohe Datenbank-Nachfrage besteht.

Die kritische Wertung der öffentlichen Fernmeldeleistungsträger seitens der
Deutschen Lufthansa AG findet sich u.a. bei HILTZ und TUROFF[148] in der
Schlußfolgerung. Dort wird ausgeführt, daß der Einsatz von Datenverarbeitung
zur Unterstützung der "human communication" ein extrem neues Feld hinsichtlich der Zukunftsoptionen sei. Die Evolution dieser Technologie scheint danach
jedoch in Europa noch stärkeren Einschränkungen (als in den USA) unterworfen
zu sein; dies trifft teilweise auch auf die Realisierung entwickelter
DV-Kommunikations-Systeme mit Textverarbeitung und der Möglichkeit für
Telekonferenzen zu.

Eine Reihe von Überlegungen bei der Deutsche Lufthansa AG, aus der Funktions-
erfüllung unter Einbeziehung der Markt- und Technologie-Trends entwickelt,
sind Fortführungen von generellen Überlegungen bei anderen Luftverkehrsgesellschaften.

---

145) PECHURA, M.A.: Microcomputers as Remote Nodes of a Distributed
     System, Comm. ACM 24, 11 (Nov. 1981), S. 734 - 738.
146) MARYANSKI, F.J.: Backend Database Systems, a.a.O.
147) Dies ist ein wesentliches Kriterium für Anwendungen mit hohem Trans-
     aktionsvolumen einer Luftverkehrsgesellschaft, wie in Kapitel 2 aufgrund
     der Spezifika erläutert.
148) HILTZ, S.R.; TUROFF, M.: The Evolution of User Behavior ..., a.a.O.

Bei TALLON[149] wird aus der Sicht 1978 für den Luftverkehrs-Markt prognostiziert, was derzeit auch aktuelle Lufthansa-DV-Planung ist:

- Dezentrale Systeme im Netzwerkverbund unter dem Einsatz von Micro- und Minicomputern mit zentraler Überwachung
- Weitere Automatisierung im Flugscheinwesen: automatisches Ausstellen von Flugscheinen, Tarifberechnung, Erstellung und Einsatz maschinenlesbarer Flugscheine.

Interessante Aspekte zum Grad der Automatisierung bezüglich der Marktdurchdringung, liefert MÜLLER[150]. Er spricht einem Szenario die Glaubwürdigkeit ab, wonach bis 1986 die Computer-Kommunikation bis in die Wohnstuben über den Heim-Fernsehapparat (Bildschirmtext) vorgedrungen sei. Hier seien gegenüber der Realität eine Reihe technopolitischer Fakten außer acht gelassen worden:

o Die Abhängigkeit der Heim-Terminals von Weiterentwicklungen im TV-Übertragungssystem (via Antenne, Kabel)
o Die Datenschutzgesetzgebung zur Wahrung der Privatsphäre
o Die noch zu hohen Terminalkosten

MÜLLER erwartet, daß sich die Datenverarbeitung in Luft- und Raumfahrt und in kommerziellen Unternehmen nach Ablauf einer Dekade[151] kaum verändert darstelle.

Es ist symptomatisch für die expansive Entwicklung der Automatisierung, daß diese 1979 getroffene Aussage nur vier Jahre später durch die aktuellen Erkenntnisse relativiert wird. Das Zusammenwachsen von Datenverarbeitung und Kommunikation hat gerade in den letzten zwei Jahren von beiden Seiten wesentliche Impulse erfahren.[152] Die bislang divergierenden Entwicklungslinien in der Daten- und Kommunikationstechnik sollen zur Konvergenz gebracht werden. Als Lösungskonzept[153] ist ISDN (Integrated Services Digital

---

149) TALLON, P.: EDV im Dienst des Luftverkehrs ..., a.a.O.
150) MÜLLER, G.E.: The Future of Data Processing in Aerospace, Aeronautical Journal 83, 820 (Apr. 1979), S. 149 - 158.
151) Gemeint ist der Zeitraum 1976 - 1986.
152) Siehe SCHMITZ, P.; SZYPERSKI, N.: Organisatorisches Instrument ..., a.a.O. sowie "Informationstechnik. Vielfalt mit Lücken", Wirtschaftswoche Nr. 44, vom 28.10.1983, S. 186 u. 188.
153) CZAPULA, B.: Divergenz oder Konvergenz? Entwicklungslinien der Kommunikationstechnik, SYSTEMS 83 (Okt. 1983), Proceedings der Symposien, S. 55 - 71.

Network) anzusehen. Als wichtige Zielsetzung gilt die Integration von Sprach-,
Text-, Daten- und Bildschirmkommunikation. Ab Mitte der achtziger Jahre
ist geplant, das Fernsprechnetz (der Bundesrepublik Deutschland) schrittweise
zu digitalisieren. Daraus ergibt sich die sogenannte Schmalband-Version von
ISDN (mit Übertragungsgeschwindigkeiten bis zu 144 KBit/Sekunde). Die
Weiterentwicklung zu einer Breitbandversion mit bis zu 140 MBit/Sekunde bei
einem Glasfaser-Nachrichtenträger wird für die späten achtziger Jahre prognostiziert.

In der Entwicklung der Computer-Technologie[154] bringt dieses ehrgeizige
Ziel (der Integration von Sprach-/Text-/Daten-/Bild-Verarbeitung) analoge
Anforderungen. Hier ist wesentlich das Projekt des japanischen Ministeriums
für Handel und Industrie (MITI) der Realisierung einer '5. Generation der Com-
puter-Systeme' auf der Grundlage der künstlichen Intelligenz (Artifical Intelli-
gence) zu nennen. Für z.B. die Spracherkennung per Computer werden Leistungs-
anforderungen um etwa 1000 MIPS (bei heute verfügbaren 10 - 20 MIPS) gestellt. Laufende Technologieprogramme[155] lassen für etwa 1986 Uniprozessoren der Klasse '40 - 60 MIPS' und Multiprozessoren mit einem Leistungsvermögen
von etwa 100 MIPS erwarten.

Die Basis hierfür liegt in weiterentwickelten Schaltkreis-Techniken, wie z.B.
der Siliziumtechnik, die noch als erheblich ausbaubar angesehen wird.[156]
Weitere Steigerungen werden von der Gallium-Arsenid-Schaltungstechnik und
der Josephson-Technik erwartet, die den Vorstoß in Gatterschaltzeiten im
Piko-Sekunden-Bereich ermöglichen sollen. IBM hat allerdings den Weg Josephson-
Technik "wegen schwindender Vorteile gegenüber anderen Technologien"[157]
verlassen. Langfristige Perspektiven verweisen auf optische Computer[158],
bei denen ein Speicher(volumen)element (für ein Bit) die Kantenlänge einer

---

154) MILLER, N.R.: Basic Technologies for the Eighties,
SYSTEMS 83 (Okt. 1983), Proceedings der Symposien, S. 3 - 53.

155) Genannt werden die Firmen IBM, Fujitsu und Hitachi. Ferner Trilogy
mit AMDAHLs 'Superchip-Konzept' für 60 MIPS-Uniprozessoren. Siehe
auch "Gene M. Amdahl: Der Herausforderer", Wirtschaftswoche Nr. 41
vom 7.10.1983, S. 67 u. 70.

156) WITHINGTON, F.G.: Winners and Losers in the Fifth Generation,
Datamation Vol. 29, 12 (Dec. 1983), S. 193 - 209.

157) IBM-Rückzug aus Josephson-Kryotechnik, Online 10 (Dec. 1983), S. 16.

158) LAERI, F.: Dem Gehirn überlegen? - Optische Computer - Funkschau 4,
1984, S. 65 - 68.

Lichtwelle hat. Noch dichter gepackte Schaltkreise ergäben sich bei dem
Übergang auf kurzwelligere Strahlen wie Elektronen- und Röntgenstrahlen.
Ein anderer Denkansatz zielt auf elektronische Bausteine auf der Basis von
Molekülen.

Die Forschung geht dabei zum einen den 'chemischen Weg' und zum anderen
den 'biologischen Weg'[159]. Der Vorteil dieser Zukunftstechnologien wird
darin gesehen, daß diese Computer auf dreidimensionalen Schaltkreisen aufge-
baut sein werden. Die Abmessungen würden damit auf den zehntausendsten
Teil heutiger Abmessungen schrumpfen, was die Rechengeschwindigkeit auf
etwa ein Tausendstel heutiger Spitzencomputer-Rechengeschwindigkeiten
senken würde.[160] Damit wäre der nächste Schritt zu den 'Nicht-von-Neu-
mann'-Computern mit millionenfach parallelarbeitenden Mikrocomputern (in
Anlehnung an Strukturen des menschlichen Gehirns) vollziehbar.[161] Aktuelle
Forschungsberichte z.B. aus dem MIT[162] verweisen auf Projektarbeiten an
der 'dreidimensionalen Programmierung' und an dem 'Interface zwischen Computer und Nervenzellen'. - Diese komprimierte Darstellung der heutigen Situation zeigt, daß im Bereich der Datenverarbeitung in technologischer Hinsicht
in den kommenden Jahren und im nächsten Jahrzehnt noch erhebliches Ent-
wicklungspotential enthalten ist.

In einer Entwicklungsanalyse, die sich u.a. auf die nächsten Jahre bezieht,
kommt MÜLLER hinsichtlich der Computer-Architektur zu dem Schluß, daß
für die 80er Jahre Multiprozessoren typisch werden, nachdem die 70er Jahre
von den Uniprozessoren geprägt waren. Die aktuellen Ankündigungen im Bereich
der Großsysteme verifizieren diesen Trend[163].

---

[159] "Molekulare Schaltkreise?", Funkschau 3, 1982, S. 8 - 10.
[160] KNAPP, K.H.: Computer aus der Retorte?, Funkschau 19, 1983, S. 50 - 53.
[161] VOLLMER, R.: Das blaue Wunder - Teil 13: Japans Weg zur Computer-
weltmacht, Die Computer Zeitung, 29.2.1984, S. 17 - 18.
[162] MIT: Massachusetts Institute of Technology
In: KNAPP, K.H.: Computer aus der Retorte? a.a.O. und CHENEY, D.W.:
Hilfe für Kranke und Behinderte - Mikroprozessoren in der Medizin -.
Funkschau 3, 1983, S. 72 - 73.
[163] Dyadischer Prozessor IBM 3081, AMDAHL AP und MP der 580 Serie.
Bei IBM Poughkeepsie wird die MP-Technologie des Systems 3081 als
Basis der nächsten 7 - 9 Jahre gesehen (Persönliche Mitteilung, 1982).

Noch detaillierter auf zukünftige Erfordernisse und deren technologische
Beantwortung geht der SHARE SILT Report[164] ein. Zur Hardware- und CPU-
Architektur-Entwicklung wird (1974) sehr detailliert auf mikrokodierte Betriebs-
systemfunktionen, beschleunigte Zugriffs- und Übertragungsverfahren eingegangen. Gekoppelte Zentralsysteme werden neben einer verstärkten Dezentralisierung gesehen, wobei Terminals nahe an den Anwender bzw. Kunden gebracht
werden. Dabei, so die Studie, bauten die prognostizierten Lösungen der Zukunft auf bekannten Architekturen im Sinne von Erweiterungen und nicht von
Neuentwicklungen auf.

Auch die Ankündigungen zu Softwaretechnologien[165] sind frühzeitig in der
Literatur, sogar vom Hersteller selbst, erörtert worden[166]. IBM stellte damals
fest, daß bereits bei dem Übergang von der /360-Architektur auf die /370-Archi-
tektur eine "offensichtliche Notwendigkeit bestand, für Hauptspeicher-Größen
von mehr als 2^{24} Bytes zu planen". Daher wurde (bereits vor 1978) ernsthaft
über die Erweiterung der 24-Bit-Adressierung nachgedacht, wobei das damalige
Ergebnis darin bestand, daß das System /370 die Adressiererweiterung nicht
enthält, aber Vorkehrungen eingebaut wurden, um diesen Schritt zu einem
späteren Zeitpunkt vollziehen zu können. Erstmals in der Hardware des Systems
3081 wurde von IBM die 31-Bit-Adressierung realisiert. Dieses neue System
ist Ende 1980 angekündigt worden. Mittlerweile ist diese Technologie etablierter
Bestandteil der Hardware- und Software-Hauptproduktlinie der IBM.

Die erweiterbare Zahl der Beispiele von Übereinstimmung der Prognose mit
der Entwicklung wirkt zweifelsfrei stimulierend auf die DV-Technologien und
damit - generell - auf solche Unternehmungsfunktionen, für die die DV-Entwicklung relevant ist. Zwischen den Funktionen und Abläufen einer Unternehmung und der DV-technologischen Entwicklung besteht eine Interdependenz,
die auch - und gerade - für Luftverkehrsgesellschaften bedeutsam ist: zur
konkreten Funktionsausfüllung werden einerseits frühzeitig neue Technologien in die Planung einbezogen und andererseits fordern Funktionserweiterungen
die Technologie zu neuen Wegen heraus. Diesem Zusammenhang müssen sich
die insbesondere auch in ihrem DV-Bereich stark spezialisierten Luftverkehrsgesellschaften aktiv stellen und zu ihrem Vorteil nutzen.

---

[164] SHARE Inc. ist eine IBM-Großsysteme Benutzerorganisation.
SILT: SHARE/IBM Liasion Team.
DOLOTTA, T.A. et. al.: Data Processing in 1980 - 1985, SILT Presentation
at SHARE XLIII, SSD-249, SHARE Inc., 1974.
[165] MVS/XA (IBM) mit 31-Bit Adressierung.
[166] CASE, P.R.; PADEGS, A.: Architecture of the IBM System /370,
Comm. ACM 21, 1 (Jan. 1978), S. 73 - 96.

ABKÜRZUNGSVERZEICHNIS

ABC	ABC World Airways Guide
ACP	Airline Control Program (IBM)
AEA	Association of European Airlines
AIDS	Aircraft Integrated Data System
AIRIMP	ATC/IATA Reservations Interline Message Procedures
ALFA	Automatische Luft-Fracht Abfertigung (Zoll)
AP	Attached Processor
ATB	Automated Ticket/Bording Pass
ATLAS	Wartungspool Air France, Iberia, Lufthansa, Alitalia, Sabena
APOLLO	(United Airlines)
ATC	Air Traffic Conference
ATW	Air Transport World
bps	Bits pro Sekunde
BTX	Bildschirmtext
CBMS	Computer Based Message System
CFG	Condor Flugdienst GmbH
CKI	Check-In-System (Lufthansa)
CMS	Crew Management System (Lufthansa)
COBRA	Computer-Orientierte Bearbeitung des Rechnungswesens der Außenorganisation (Lufthansa)
COMSAT	Communications Satelitte Corporation
CPU	Central Processing Unit
CRT	Cathode Ray Tube (Bildschirmgerät)
CUTE	Common Use Terminal Equipment (SITA)
DB/DC	Data Base / Data Communication
DBMS	Data Base Management System
Delvag	DELVAG-Luftversicherungs AG
DIPS	Datenverbund im Passagesystem (Lufthansa)
D-MARS	Dnata - Multi Access Reservation System
DML	Data Manipulation Language (IBM)
DPS	Dialog-Programmier-System (Lufthansa)
DV	Datenverarbeitung
DVB	Datenverarbeitungsbetrieb (Lufthansa)
EDV	Elektronische Datenverarbeitung (Abb. 1/Tabelle 1: Funktion 8)

EIES	Electronic Information Exchange System
FTS	Fehlertolerante Systeme / Fault-Tolerant Systems
GCS	German Cargo Services GmbH
GMT	Greenwich Mean Time
IATA	International Air Transport Association
ICAO	International Civil Aviation Organization
IHC	International Hotel Corporation
IMS	Information Management System (IBM)
INS	Informations Network System (Japan)
IPARS	International Passenger Airline Reservations System (IBM)
IPS	Integriertes Passagesystem (Lufthansa)
IRIS	Internationales Reservierungs- und Informations-System (Deutsche Bundesbahn)
ISDN	Integrated Services Digital Network (Deutsche Bundespost)
k	Kilo
LAN	Local Area Networks
LCC	Lufthansa Cargo Center, Frankfurt/Main
LIFTNET	Lufthansa Integrierendes Informations-Transport-Netzwerk (Lufthansa Integrated Future Transport Network)
LSG	Lufthansa Service GmbH
MARS	Multi Access Airline Reservation System
MIT	Massachusetts Institute of Technology (USA)
MIT	Multi Input Terminals
MITI	Ministry of International Trade and Industry (Japan)
MP	Multi-Processor
ms	Millisekunde
MVS/XA	Multiple Virtuel Storage/Extendend Architecture
NCI	Name-Check-In-System (Lufthansa)
NOSHOW	System zur Noshow-Identifikation und -bearbeitung (Lufthansa)
ns	Nanosekunde
OAG	Official Airline Guide
OAL	Other Airlines
OBACHT	Online Buchhaltung auf CRT und Hardcopy-Terminals
PARS	Passenger Airline Reservation System
PC	Personal Computer
PCM	Plug Compatible Manufacturer

RES   Reservierungssystem (Lufthansa)

REV   Verkehrsabrechnungssystem (Revenue) (Lufthansa)

ROD   Reliability Data on Demand

SABER   Semi-Automatic Business Environment Research (auch:SABRE)

SISC   Schedules Information Standards Committee

SILT   SHARE/IBM Liaison Team

SIS   Schedule Information System (Lufthansa)

SITA   Societe Internationale de Telecommunications Aeronautiques

SNA   System Network Architecture (IBM)

SSIM   Standard Schedules Information Manual

START   Studienges. zur Automatisierung von Reise und Touristik GmbH

STC   Storage Technology Corporation

TAREX   Travel Agents Reservation Exchange

TAS   Total Access System

TAT   Transitional Automated Ticket

TIAS   Travel Industries Automated Systems

TKO   Angebotene Tonnenkilometer (ton-kilometers offered)

TKT   Flugscheinausstellung (Ticketing) (Lufthansa)

TRAVICOM Travel Automation VIDECOM

TSO   Time Sharing Option (IBM)

TUI   Touristik Union International GmbH

USAS   UNIVAC Standard Airline Software

USAS*CGO USAS Frachtsystem (Cargo)

VSPC   Virtual Storage Personal Computing (IBM)

WIS   Werkstätten Informations System (Lufthansa)

Weitere Abkürzungen siehe S. 19 und 20.

3-Letter-Codes (Städte-Codes) siehe S. 57.

ABBILDUNGSVERZEICHNIS

TABELLENVERZEICHNIS

LITERATUR

Airlines Approach On-Line Agent System, Datamation 14, 7 (July 1968), S. 85-86

BARON, P.: Der neue A310: Generationswechsel beim Airbus, Bild der Wissenschaft, 9 (1982), S. 56-67

BECHER, G.: Das Realzeitsystem der Deutschen Lufthansa, Datascope, 18 (1975)

BECHER, G.: Planung im Luftverkehr. In: Handwörterbuch der Planung, hrsg. v. Norbert Szyperski, Stuttgart, in Vorbereitung

BERNARD, D.: Management Issues in Cooperative Computing, Computing Surveys 11, 1 (March 1979), S. 3-17

BORGENSON, B.R. et al.: The Evolution of the Sperry Univac 1100 Series: A History, Analysis, and Projection, Comm. ACM 21, 1 (Jan. 1978), S. 25-43

BORNSTAEDT, F.v.: Chancen und Probleme von Bildschirmtext für Reisemittler, Office Management, 4/1984, S. 289-301

BROUGH, B.M.: Managing the Information Ressource, 4th AOPAA Symposium, Lisboa (Nov. 1979)

CAB has Reservations on Airline Reservations, Datamation 16, 10 (Oct. 1970), S. 85-87

CANADY, R.H. et al: A Back-End Computer for Data Base Management, Comm. ACM 17, 10 (Oct. 1974) S. 575-582

CASE, P.R.;
PADGES, A.: Architecture of the IBM System / 370, Comm. ACM 21, 1 (Jan. 1978), S. 73-96

CHENEY, D.W.: Mikroprozessoren in der Medizin: Hilfe für Kranke und Behinderte, Funkschau 3, 1983, S. 72-73

Computerized Scheduling, Air Transport World 18, 3 (March 1981), S. 16 ff.

CZAPULA, B.: Divergenz oder Konvergenz? Entwicklungslinien der Kommunikationsmethodik, SYSTEMS 83, Proceedings der Symposien (Okt. 1983), S. 55-71

DOLOTTA, T.A. et al.:   Data Processing in 1980-1985, SILT Presentation
                            at SHARE XLIII, SSD-249 SHARE Inc., 1974

Elektronisches Platzbuchungssystem bei der Deutschen Lufthansa, 1968
                            Siemens AG (Hrsg.)

EVERS, R.:   Kommunikationstechnik. Das ehrgeizige Ziel
                            lautet: Schaffung einer "fortgeschrittenen"
                            Informationsgesellschaft. Die Basis bildet das
                            Informations Network System der Fernmeldebe-
                            hörde Nippon Telegraph & Telephon Public Corp.,
                            Handelsblatt vom 23.11.1983

Fachausdrücke der Text- und Datenverarbeitung, IBM (Hrsg.) 1978

First Contract Signed for FARE QUOTE, SITA Communications, Vol. 8, No. 3
                            (Jun. 1983), S. 3

FLEISCHMANN, F.:   Grundlagen des flächendeckenden DV-Großpro-
                            jekts "START", Telcon Report 3, Heft 2 (1980),
                            S. 14 ff.

"Gene M. Amdahl: Der Herausforderer", Wirtschaftswoche Nr. 41 vom
                            7.10.1983, S. 67 u. 70

GRAEF, M.; GREILLER, R.;
HECHT, G.:   Datenverarbeitung im Realzeitbetrieb.
                            München-Wien 1970

GROCHLA, E.:   Unternehmungsorganisation. Reinbek 1973

"Großcomputer beschleunigen Luftfracht", Ingenieurs Digest 19, 7 (1980),
                            S. 14 ff.

HACH, S.P.;
HELDT, P.H.:   Das Cockpit des Airbus A310, Spektrum der
                            Wissenschaft, März 1984, S. 38-52

HANNA, R.F.:   A Cockpit View of Advanced Airline Avionics
                            with Integration of Air-Ground Communications.
                            In: Telecommunications and Data Processing in
                            the Air Transport Industry, Proceedings of the
                            SITELCOM 82 Conference, S. 147-158

HEINZ, M.:   Ein Computer für Konten in aller Welt,
                            Manager Magazin 4/84, S. 178-185

HENDERSON, D.K.:   Airline Computerization Investment Nears
                            $ 2 Billion, Air Transport World 17, 11 (Nov. 1980),
                            S. 69-80

HENDERSON, D.K.:   Airline Dependence on Computers Growing,
                            Air Transport World (ATW) 20, 9 (Sep. 1983),
                            S. 37-53

HILTZ, S.R.
TUROFF, M.:   The Evolution of User Behavior in a
                        Computerized Conferencing System, Comm. ACM
                        24, 11 (Nov. 1981), S. 739-751

HÖRING, K.;
SPENGLER-RAST, Ch.:   Elektronische Bürokommunikation im praktischen
                        Einsatz. Baden-Baden 1983

HÖRING, K.; BAHR, K.; STRUIF, B.;
TIEDEMANN, Ch.:   Interne Netzwerke für die Bürokommunikation.
                        Heidelberg 1983

"Hoffentlich FTS-versichert", Diebold Management Report, 4 (1983), S. 1-5

IATA/DPSC: Microcomputing within the Airline Industry. Results of
                        the January, 1984 industry survey

"Informationstechnik. Vielfalt mit Lücken", Wirtschaftswoche Nr. 44 vom
                        28.10.1983, S. 186 u. 188

KAY, R.H.; SZYPERSKI, N.;
HÖRING, K.; BARTZ, G.: Strategic Planning of Informations Systems
                        at the Corporate Level. Information und
                        Management, Vol. 3, No. 5 (Nov. 1980), S. 175-186

KNAPP, K.H.:   Computer aus der Retorte? Funkschau 19, 1983,
                        S. 50-53

LAERI, F.:   Dem Gehirn überlegen? - Optische Computer -,
                        Funkschau 4, 1984, S. 65-68

Lexikon der Datenverarbeitung, Siemens AG (Hrsg.) 1982

MARYANSKI, F.J.:   Back-End Database Systems, Computing Surveys 12,
                        1 (March 1980), S. 3-25

"Molekulare Schaltkreise?", Funkschau 3, 1982, S. 8-10

MUELLER, G.E.:   The Future of Data Processing in Aerospace,
                        Aeronautical Journal 83, 820 (Apr. 1979), S. 149-158

MUELLER, N.R.:   Basic Technologies for the Eighties, SYSTEMS 83,
                        Proceedings der Symposien, (Okt. 1983), S. 3-53

PECHURA, M.A.:   Microcomputers as Remote Nodes of a
                        Distributed System, Comm. ACM 24, 11 (Nov. 1981),
                        S. 734-738

"Personalinformationssysteme - Chaos oder Ordnung", Wirtschaftswoche
                        Nr. 1/2 vom 6.1.1984, S. 33-43

REUSS, T.T. (Hrsg.):   Jahrbuch der Luft- und Raumfahrt, Mannheim 1984

ROBEY, D.:   Computer Information Systems and Organization
Structure, Comm. ACM 24, 10 (Oct. 1981),
S. 679-687

RÜTTER, K. (Gespräch):   Was bedeutet die BTX-Lösung über START für
die TUI-Agenturen? Fremdenverkehrswirtschaft,
8/1984, S. 17f.

SCHÖNING, H.:   Frachtautomation - vorrangies Thema für die
IATA. Vorschau auf die 6. Cargo Services
Conference der IATA in Hongkong, Verkehr, Wien,
vom 3.2.1984

SCHÖNING, H.:   Luftfracht-Steuerung durch Computer, Fracht
Dienst, März 1984

SCHMITZ, P.;
HASENKAMP, U.:   Rechnerverbundsysteme. Offene Kommunikations-
systeme auf der Basis des ISO-Referenzmodells.
München, Wien 1981

SCHMITZ, P.; SEIBT, D.:   Einführung in die anwendungsorientierte Informatik, Band 1: Systemtechnische Grundlagen,
2. Auflage, München 1982

SCHMITZ, P.;
SZYPERSKI, N.:   Organisatorisches Instrument zur Gestaltung von
Informations- und Kommunikationssystemen in
Unternehmungen, Angewandte Informatik 7, 1978,
S. 281-292

SCHMITZ, P.; SZYPERSKI, N.:
HÖRING, K.:   Bürokommunikation. Bezugsrahmen und Perspektiven der Anwendungen, Office Management 6,
1983, S. 504-509

"Schwachstellen werden aufgehoben. Ein Schritt auf dem Wege zur Büro-
automation bei Lufthansa", Die Computer-Zeitung,
6. Juli 1983, S. 8

SCHWENK, W.:   Handbuch des Luftverkehrsrechts, Köln Berlin
Bonn München 1981, S. 326 ff. und S. 407 ff.

SEDMAK, R.S.:   Hardware Fault Tolerance.
USE Conference, Fall 1979

SITA: Annual Report 1982 (CUTE), S. 2

SIWIEC, J.E.:   A High-Performance DB/DC System, IBM Systems
Journal 16, 2 (1977), S. 169-195

SMITH, A.J.:   Long Term File Migration: Development and
Evaluation of Algorithms, Comm. ACM 24, 8
(Aug. 1981), S. 521-532

SMITH, C.:   Computerized Scheduling, Air Transport
                           World 18, 3 (March 1981), S. 16

SMITH, L.;
MADSEN, K.:   Nonstop Transaction Processing, Datamation
                           29, 3 (Mar. 1983), S. 167-169

TALLON, P.:   EDV im Dienst des Luftverkehrs: immer mehr
                           Anwendungen, Interavia 6, (1978), S. 507-512

TETZNER, K.:   Telekommunikation in Japan: Auf dem Weg ins
                           Jahr 2000, Funkschau 4/1984, S. 47-49

UHLIG, R.P.:   Human Factors in Computer Message Systems,
                           Datamation 23, 5 (May 1977), S. 120-126

"Vordringliches Thema: Frachtautomation Cargo Services Conference tagt
                           in Hongkong", Fracht Dienst, März 1984

"Wettlauf um Zinsen", Diebold Management Report Nr. 5/1983, S. 1 - 6

WITHINGTON, F.G.:   Winners and Losers in the Fifth Generation,
                           Datamation 29, 12 (Dec. 1983), S. 193-209

VOLLMER, R.:   Das blaue Wunder - Teil 13: Japans Weg zur
                           Computerweltmacht, Die Computer Zeitung
                           vom 29.2.1984, S. 17-18

YASAKI, E.K.;   Fail-Safe Vendors Emerge, Datamation 28, 12
                           (Nov. 1982), S. 51-61

STICHWORTE

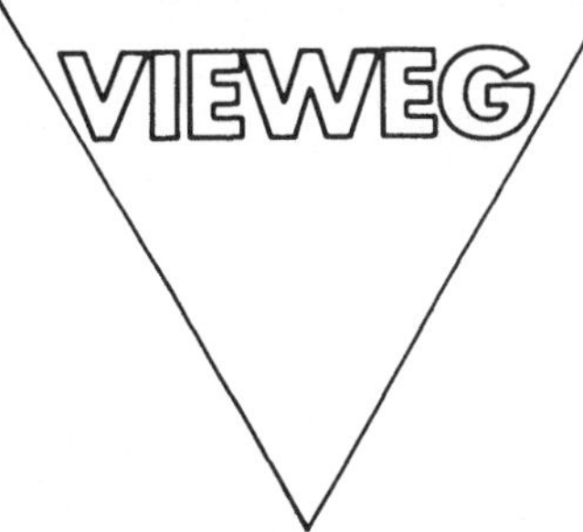

DuD Fachbeiträge

Band 5
Ulrich von Petersdorff
Medienfunktionen und Fernmeldewesen
Zur Verwaltungskompetenz der Bundespost bei Bildschirmtext. 1984. XIV, 253 S.
16,2 X 22,9 cm. Br.

Die Zuständigkeit der Bundespost beim Betrieb der Bildschirmtextzentrale ist für
eine Reihe von Problemen z.B. beim Datenschutz, bei der Abwicklung von Kom-
munikationsverhältnissen oder von Geschäftsvorgängen von zentraler Wichtigkeit.
In der trotz des Staatsvertrages noch immer anhaltenden.Diskussion über die
Kompetenzfragen beim Bildschirmtextsystem stellt diese Untersuchung einen
wichtigen Beitrag dar. Sie ist z.Zt. die einzige vertiefte wissenschaftliche Untersuchung, die sowohl die staatsrechtlichen wie auch die technisch funktionellen
Gesichtspunkte untersucht und in Zusammenhang bringt.

Band 6
Karl Rihaczek
Datenverschlüsselung in Kommunikationssystemen
Möglichkeiten und Bedürfnisse. 1983. XV, 344 S. 16,2 X 22,9 cm. Br.

Thema des Bandes ist der Zusammenhang von Kommunikation und Recht. Der
Hauptteil ist das Ergebnis einer systematischen Untersuchung der mit der Ver-
schlüsselung in die Hand gegebenen Mittel und einer Diskussion der Zwischenergeb-
nisse mit Experten angrenzender Gebiete. Rund 40 datenverarbeitende Stellen in
der Bundesrepublik wurden auf ihre einschlägigen Bedürfnisse hin befragt. Die
Auswertung der Befragung erscheint im Anhang.

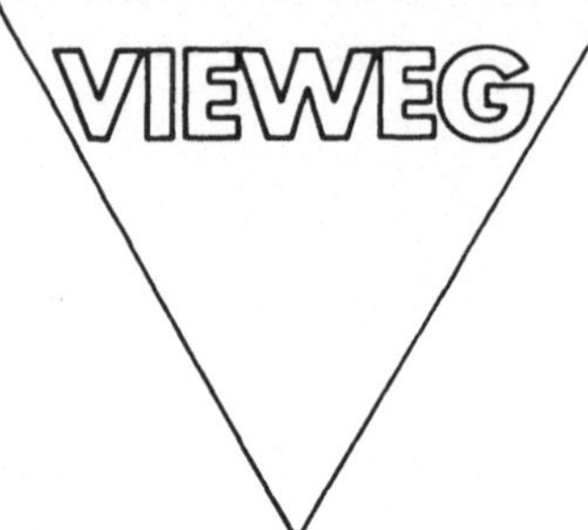

Lawrence F. Shampine und Marylin K. Gordon
Computerlösung gewöhnlicher Differentialgleichungen
Das Anfangswertproblem. Aus dem Engl. von J. Hoffmann. 1984. Ca. 340 S. 16,2 X 22,9 cm. Br.

Dieses Buch wendet sich an Informatiker, Mathematiker und Ingenieure, darüber hinaus an jeden, der sich in Forschung, Lehre und Anwendungen mit der Lösung von Differentialgleichungen beschäftigt. Es geht von der Tradition ab, einen Überblick über die verschiedenen Methoden zur Integration von Differentialgleichungen zu geben und konzentriert sich statt dessen auf eine einzige numerische Technik. Diese Technik, die auf der Familie der Adams-Verfahren beruht, wird zur Entwicklung einer Reihe von sehr effizienten Algorithmen und Computer-Programmen benutzt. Alle Programme sind in FORTRAN geschrieben und ausführlich dokumentiert. Die vollständigen Programmlistings sind in dem Buch enthalten, einschließlich der Dokumentation und der Anweisungen zur Implementierung der Codes auf einer Vielzahl von Computersystemen.

Armin Schöne
Digitaltechnik und Mikrorechner
1984. VIII, 165 S. mit 102 Abb. und zahlr. Beisp. 16,2 X 22,9 cm. Br.

Das Buch behandelt den Entwurf digitaler Systeme. In komprimierter, anwendungsbezogener und wissenschaftlich konsequenter Weise wird dabei auf Schaltnetze, Schaltwerke und Mikrorechner eingegangen. In den Text eingearbeitete Beispiele zeigen dem Leser, welchem Zweck das an der betreffenden Stelle behandelte Entwurfsverfahren dient und wie beim Entwurf eines digitalen Systems im einzelnen vorzugehen ist.

Das Buch ist für Studenten ebenso geeignet wie für Ingenieure in der Praxis und Informatiker. Es dient als Grundlage, die bisher angewandten Entwurfsverfahren hinsichtlich möglicher Verbesserungen zu überprüfen.